Über das Wesen und die wahre Größe des Verbundes zwischen Eisen und Beton.

Von

Dr.-Ing. Adolf Kleinlogel,
Diplomingenieur.

Mit 5 Text- und 9 Tafelfiguren.

Springer-Verlag Berlin Heidelberg GmbH 1911

ISBN 978-3-662-39188-4   ISBN 978-3-662-40183-5 (eBook)
DOI 10.1007/978-3-662-40183-5

Vorwort.

Trotz der sehr zahlreichen und vielfach groß angelegten Versuchsreihen zur Ermittlung der Einflüsse auf die Größe des Widerstandes eines einbetonierten Eisens gegen die Trennung vom Beton kann nicht behauptet werden, daß auf diesem Gebiete der sogenannten „Haftfestigkeit" schon eine endgültige Klärung erzielt worden sei. Es gehen nicht nur die Anschauungen maßgebender Fachleute über das eigentliche Wesen des Verbundes auseinander, indem den einzelnen, hierbei in Betracht kommenden Faktoren verschiedene Bedeutung beigelegt wird, sondern namentlich sind es auch die an sich einwandfreien Ergebnisse von Versuchen, auf Grund welcher zurzeit zwei Hauptrichtungen bestehen, deren Anhänger im einen Falle die Anschauung ziemlich erheblicher Haftfestigkeitswerte vertreten, während im andern Falle die zahlenmäßige Größe des Verbundes für verhältnismäßig gering gehalten wird.

Im Rahmen dieser Abhandlung ist nun versucht worden, aus dem umfangreichen Material neuerer Versuche der letzten Jahre solche Unterlagen zu gewinnen, die vielleicht geeignet sind, sowohl die Frage über das Wesen des Verbundes zwischen Eisen und Beton, als auch die Frage der zahlenmäßigen Größe dieses Verbundes von neuen Gesichtspunkten aus zu betrachten.

In letzter Linie soll die vorliegende Arbeit auch einen Beitrag zu der Beurteilung der zurzeit üblichen Berechnung der sogenannten „Haftspannungen" liefern, deren Berücksichtigung in vielen Fällen für den Konstrukteur eine unwillkommene Beigabe ist. Soweit die erzielten Ergebnisse es gestatten, möge gleich hier bemerkt werden, daß eine wesentliche Erleichterung in den diesbezüglichen Vorschriften am Platze sein dürfte; die ehrliche Überzeugung sämtlicher in der Praxis stehenden Fachleute geht schon längere Zeit dahin, daß man in den weitaus meisten Fällen eine Berechnung der Haftspannungen überhaupt entbehren könnte, welche Ansicht durch die Ermittelungen dieser Abhandlung in vielfacher Hinsicht unterstützt wird.

Dr.-Ing. A. Kleinlogel.

Inhaltsverzeichnis.

Über das Wesen des Verbundes zwischen Eisen und Beton.

Der grundsätzliche Konstruktionsgedanke des Eisenbetons konnte seinerzeit nur dadurch in die Praxis umgesetzt werden, daß das Eisen überall dort, wo es Zug- oder Druckspannungen aufnehmen sollte, auch tatsächlich hierzu — zunächst ohne Anwendung besonderer Hilfsmittel, wie Endhaken u. dergl. — herangezogen werden konnte. Da der Betonkörper so gut wie immer das größere Volumen besitzt, da seine Masse dem Ganzen das charakteristische Gepräge gibt, und die Lasteintragung zunächst meistens in den Beton erfolgt,[1] so erscheint der Beton als das primäre Glied für die Lastaufnahme, und es ist klar, daß der Beton, um das Eisen zu seiner Unterstützung heranziehen zu können, seine Formänderungen auf das Eisen übertragen muß.

Diese Übertragung kann nur dann erfolgen, wenn zwischen Eisen und Beton eine Verbindung[2] besteht oder zustande kommt, deren Wirkung ähnlich derjenigen ist, welche bei genieteten eisernen Blechträgern durch die mechanisch hergestellte Nietverbindung des Stegbleches mit den Gurtungen hervorgerufen wird. Unter Berücksichtigung des oben Gesagten erscheint hier das Stegblech als das primäre Konstruktionsglied: die Gurtungen beginnen erst dann ihre Funktionen als unterstützende und verstärkende Teile zu äußern, wenn sie vom Stegblech mittels des durch die Vernietung hergestellten Reibungsschlusses hierzu veranlaßt werden.[3]

Da nachgewiesenermaßen das Eisen — auch das in Form gerader Stangen ohne Endhaken eingelegte Eisen — z. B. im gebogenen Eisenbetonbalken oder in Säulen ebenfalls eine Verstärkung des Betons mit dem bekannten Nutzeffekt bildet, daß die Formänderungen des Betons kleiner ausfallen, daß die sonstigen Erscheinungen, namentlich die Rißerscheinungen und -entwicklungen, durchweg günstiger verlaufen, und daß im letzten Stadium[4] die Bruchlasten erhöht werden, so ist hierdurch die Tatsache genügend festgelegt, daß nach dem Erhärten des Betons ein Verbund, ein Zusammenhalt zwischen Eisen und Beton besteht, dessen Natur und Wesen jedoch noch wenig geklärt erscheint.

---

[1] Siehe hierüber auch Probst, „Das Zusammenwirken von Beton und Eisen" 1906, S. 2: . . . „weil hier nie eine Kraft direkt am Eisen angreift."

[2] Aus dieser Vorstellung sind wohl Bezeichnungen wie „Verbundkonstruktion", „Verbundbalken" usw. entstanden. Letztere Bezeichnung findet sich z. B. in Emperger, Die Rolle der Haftfestigkeit im Verbundbalken, 1905.

[3] Dieser Gedankengang ist für eiserne Träger z. B. auch in R. Sonntag, Biegung, Schub und Scherung S. 43, zum Ausdruck gebracht worden (1909).

[4] Über die verschiedenen Belastungsstadien oder -Phasen siehe Emperger, Neuere Bauweisen und Bauwerke aus Beton und Eisen IV. Teil, 1902, S. 27. Mörsch, Der Eisenbetonbau, seine Theorie und Anwendung II. Aufl., 1906, S. 75. Foerster, Das Material und die statische Berechnung der Eisenbetonbauten 1907, S. 99.

a) Die im Eisenbetonbau fast ausschließlich in Betracht kommende Art des Verbundes zwischen Eisen und Beton ist diejenige, welche entsteht, wenn der das Eisen allseitig umschließende Beton erhärtet. Ein so eingebetteter Stab setzt bekanntlich einer in Richtung seiner Achse wirkenden Zug- oder Druckkraft einen gewissen Widerstand entgegen. Man kann also versucht sein, in dem Vorgang der Erhärtung des Betons die hauptsächliche, wenn nicht ausschließliche Ursache des zustande gekommenen Zusammenhaltes zu suchen. Die heute in der Fachwelt vorherrschende Anschauung drängt sich in der Vorstellung zusammen: daß der beim Erhärten sich (im allgemeinen) zusammenziehende Beton das Eisen festklemmt, der so entstandene Verbund somit in der Hauptsache ein mechanischer ist und dadurch gewisse Ähnlichkeit hat mit dem oben bei eisernen Trägern gekennzeichneten Reibungsschluß der Nietstellen.[1]

b) Nun gibt es aber noch eine, auf andere Weise entstehende Art von Verbund zwischen Eisen und Beton, bei welcher der Einfluß des umschließenden und so erhärtenden Betons ausgeschlossen ist: Ein auf noch feuchten Mörtel oder Beton aufgedrücktes Eisenplättchen kann bereits nach kurzer Erhärtungsdauer ohne Kraftanwendung von seiner Unterlage nicht mehr getrennt werden. Der Zusammenhalt ist also in diesem Falle offenbar wesentlich anderer Natur, als er bei einem vom Beton allseitig umhüllten Eisen in die Erscheinung tritt. Man kann annehmen, daß die Zeitdauer und damit der Grad der Erhärtung nur insofern eine Rolle spielen, als dadurch die Intensität des zwischen Eisen und Beton sich bildenden Bindemittels mehr oder weniger beeinflußt wird.

Diese zweite Art des Verbundes charakterisiert sich demnach als ein Anhaften des Eisens am Beton, welches Anhaften, wie Preuß in seiner neuen Arbeit „Versuche über die Haftung zwischen Eisen und Beton" („Arm. Beton" 1910, Heft 9, S. 343) ganz zutreffend sagt, ein Anhaften im Sinne von „Kleben" ist. In dem Werke „Der Portlandzement und seine Anwendung im Bauwesen" 3. Aufl., 1905, S. 26, ist für diese Verhältnisse der Ausdruck „Verkittungsfestigkeit" gewählt, womit diejenige haftende Eigenschaft des Zementmörtels gemeint ist, wie sie aus dem Mauerwerksbau schon lange bekannt und geschätzt ist.

c) Es wird nun nicht bestritten, daß sich auch bei Eisen, welche nach a eingebettet wurden, das unter b gekennzeichnete Bindemittel bildet.[2] Die allgemeine Ansicht geht jedoch dahin, daß dieses Bindemittel zwar immerhin ein zusätzlicher, günstiger Faktor zu der Klemmwirkung des sich zusammenziehenden Betons ist, daß aber der Hauptanteil an dem gegen eine Trennung gerichteten Widerstand der Klemmwirkung des Betons zuzuschreiben ist. Die neueren Versuche von Preuß[3] scheinen diese Ansicht auch in jeder Hinsicht zu unterstützen, namentlich erscheinen sie geeignet, die An-

---

[1] Am ausgesprochensten ist die Ansicht einer nur mechanischen Verbindung zwischen Eisen und Beton in Probst, Das Zusammenwirken von Beton und Eisen 1906, vertreten. Siehe Einleitung, ferner S. 16, 52 und 54. Handbuch für Eisenbetonbau I. Bd., 1908, S. 143: Wiedergabe der Ansicht von Probst, ohne Namensnennung. Probst, Einfluß der Armatur und der Risse im Beton auf die Tragsicherheit 1907. Mitteilungen aus dem Königl. Materialprüfungsamt Gr.-Lichterfelde West S. 116, 117. Probst, Neue Versuche mit Eisenbetonsäulen und Balken, „Arm. Beton" 1909, Heft 2, S. 39. Preuß, Zur Frage der Haftfähigkeit zwischen Beton und Eisen, „Arm. Beton" 1909, Heft 9, S. 336. Desgl. „Arm. Beton" 1910, Heft 9, S. 343.

[2] Nach Breuillie, „Zement und Beton" 1905, S. 297, ist dieses Bindemittel seiner chemischen Natur nach ein in Wasser lösliches Eisensilikat.

[3] Preuß, Zur Frage der Haftfähigkeit zwischen Eisen und Beton, „Arm. Beton" 1909, Heft 9. Desgl., Versuche über die Haftung zwischen Eisen und Beton, „Arm. Beton" 1910, Heft 9.

schauung Probsts[1]) von dem nur mechanischen Nebeneinanderwirken von Beton und Eisen in positivem Sinne zu belegen. Das über die Haftfestigkeit[2]) — um zunächst diesen wohl am meisten eingebürgerten Ausdruck zu gebrauchen — vorliegende gesamte Versuchsmaterial läßt jedoch, einschließlich der vorerwähnten Preußschen Untersuchungen, eine Reihe von Betrachtungen zu, deren Zusammenfassung im Hinblick auf die zur Sprache gebrachten Einzelheiten Veranlassung geben könnte, den Anteil der einzelnen, am Gesamtwiderstand beteiligten Faktoren anders als bisher einzuschätzen und namentlich der Klemmwirkung nicht mehr eine allein ausschlaggebende Bedeutung beizumessen.

———

Bei der Versuchsdurchführung nach a und b treten folgende Verhältnisse am meisten in die Erscheinung:

Bei Versuchen nach b ist bei Steigerung der auf Trennung gerichteten Kraft irgend eine örtliche Veränderung der beiden zusammenhaftenden Körper zunächst nicht zu bemerken, bis durch das Losreißen des Eisens vom Beton die Trennung plötzlich und vollständig erfolgt. Die plötzliche Trennung trifft sowohl zu bei Versuchen, bei welchen die trennende Kraft senkrecht zur Haftfläche wirkt,[3]) als auch wenn die Kraftrichtung mit der Achse des einbetonierten Körpers zusammenfällt.[4])

Bei Versuchen nach a sind die Erscheinungen nach Art und Reihenfolge wesentlich andere. Das eingebettete Eisen läßt zunächst, bis zu einer gewissen Lastgröße,[5]) eine Veränderung seiner örtlichen Lage ebenfalls nicht erkennen. Dann aber beginnt ein mehr oder weniger langsames Gleiten, welches anzeigt, daß zwar der örtliche Zusammenhang zwischen Eisen und Beton in gewissem Grade aufgehört hat, daß aber trotzdem noch vom Eisen gegen eine endgültige und vollständige Trennung ein zum Teil erheblicher Widerstand geleistet wird.[6])

Mit Berücksichtigung der Versuche nach b kann man somit zu der Vermutung kommen, daß beim gänzlich einbetonierten Eisen eine Bewegung desselben im Beton erst dann möglich ist, wenn einerseits die sich hier ebenfalls bildende Haftung, andererseits der Reibungswiderstand der Ruhe, entstanden durch die Volumenveränderungen des Betons beim Erhärten, überwunden ist. Beide Faktoren wirken in günstigem Sinne zusammen. Als letzte Widerstandsäußerung kommt nach Überwindung der Haftung und des Reibungswiderstandes der Ruhe der Reibungswiderstand der Bewegung zur Geltung, welcher Gleitwiderstand[7]) demnach als eine Erscheinung oder als eine Phase ganz für sich anzusehen

———

[1]) Siehe Anmerkung 1, S. 2, unten.

[2]) Im Hinblick auf die Schlußfolgerungen dieses Abschnitts erscheint die Beibehaltung dieser Bezeichnung zunächst nicht ohne Berechtigung.

[3]) Siehe die später S. 6 ff. erwähnten Versuche von Breuillie und Müller.

[4]) Preuß, „Arm. Beton" 1909, Heft 9, S. 337.

[5]) Nach den bisherigen Versuchen, namentlich von Bach (siehe z. B. Versuche über den Gleitwiderstand einbetonierten Eisens), lag diese Lastgröße nahe der Bruchlast; die neueren Versuche von Preuß („Arm. Beton" 1910, Heft 9) zeigen den Beginn des Gleitens viel bälder an.

[6]) Bach, Gleitwiderstand usw. S. 37, Fig. 34, und die eben erwähnten Versuche von Preuß.

[7]) Die Bezeichnung „Gleitwiderstand" rührt von Bach her und ist von ihm für die Gesamtheit der oben angeführten Einzelwiderstände eingeführt worden. (Siehe Mitteilungen über Forschungsarbeiten auf dem Gebiete des Ingenieurwesens, insbesondere aus den Laboratorien der technischen Hochschulen, herausgegeben vom Verein deutscher Ingenieure Heft 22: Versuche über den Gleitwiderstand einbetonierten Eisens 1905, S. 1.)

Nach obigen Ausführungen erscheint die Bezeichnung „Gleitwiderstand" allein nur dann gerechtfertigt, wenn es keine Haftung und keine Klemmwirkung gäbe, so daß also mit dem Angreifen der trennenden Kraft auch die Bewegung, das Gleiten, beginnen würde. Dies ist aber nicht

wäre. Ungefähr vergleichsweise entspricht der Belastungszustand, unter welchem das Gleiten eintritt, dem Bruchstadium z. B. bei Druck- oder Biegeversuchen in dem Sinne, daß damit angezeigt wird, daß die Widerstandskraft des Probekörpers anfängt, zu erlahmen. Dieser Vergleich trifft jedoch nur im Rahmen derjenigen Versuche zu, welche namentlich von Bach[1] über den Beginn des Gleitens durchgeführt worden sind; die in „Arm. Beton" 1910, Heft 9, veröffentlichten Versuche von Preuß lassen den Beginn des Gleitens bereits in einem Stadium erkennen, in welchem von Brucherscheinungen noch nicht die Rede sein kann. Es soll jedoch gleich an dieser Stelle bemerkt werden, daß die Ergebnisse von Preuß unter Gesichtspunkten betrachtet werden müssen, die eine gewisse Einschränkung der Folgerungen ergeben dürften. Preuß hat einen Betonquerschnitt von 30/30 cm mit einer einzigen Eiseneinlage von 23,8 mm Φ gewählt. Nach den eingangs gemachten Bemerkungen ist der Beton, namentlich bei dem hier vorliegenden Massenverhältnis, das primäre Glied für die Lasteintragung; die Formänderungen des Betons müssen daher voreilende gegenüber denjenigen des Eisens sein. Die Messung dieser Formänderungsdifferenzen würde daher um so größere Zahlen ergeben, je weiter voneinander entfernt sich die entsprechenden Meßstellen (im gleichen Querschnitt) im Eisen und im Beton befinden. Bei den Versuchen von Preuß ist diese Entfernung allerdings sehr gering — nur gleich dem Durchmesser der Spiegelwalze —, die gemessenen Verschiebungen sind aber auch klein genug, um sie, ohne an eine bereits stattgefundene Trennung des Eisens vom Beton denken zu müssen, als Merkmale der voreilenden Formänderungen des Betons einschätzen zu können. Nach den anderweitig bei Biegungsversuchen gemachten Beobachtungen (siehe z. B. Bach, Mitteilungen über Forschungsarbeiten Heft 39, S. 15, 16) tritt die erste Lockerung des Betongefüges an der Unterkante des Balkens (Wasserflecke: Turneaure und Bach) ein, die ersten Risse, als weitere Folge der Wasserflecken, treten aber an den Kanten oder, allgemeiner, in der weitestmöglichen Entfernung von der Eiseneinlage auf. Ehe also an den Seitenflächen und Kanten Risse sichtbar werden, ist an der Unterfläche und auch in der Nähe der Eiseneinlage eine Lockerung des Gefüges eingetreten. Hiermit stimmt überein, daß bei den Preußschen Versuchen die Spiegel am Meßpunkt 2 erst eine vorwärts-, dann eine rückläufige Bewegung zeigen. Die rückläufige Bewegung (minus = Richtung) setzt längere Zeit vorher ein, ehe unter „Bemerkungen" das Auffinden der Risse c bezw. a bezw. b am Meßpunkt 2 angegeben ist. Die Umkehrbewegung des Spiegels am Meßpunkt 2 dürfte dahin zu deuten sein, daß die durch die Lockerung des Gefüges ermöglichte Entlastung des Betons diesem eine Bewegung in der Richtung nach der Balkenmitte zu erlaubte; da als positive Verschiebungsrichtung die Bewegungsrichtung der Eisenenden nach der Balkenmitte zu bezeichnet wurde, so mußte die eben erwähnte Plusbewegung des Betons als Minusbewegung des Eisens in den Tabellen Aufnahme finden.[2]

Mit diesen Ausführungen soll in Anbetracht der verhältnismäßig geringen Anzahl der Probekörper nur angedeutet werden, daß vielleicht die Relativbewegungen von Eisen und Beton immerhin mit eine Rolle spielen in dem Sinne, daß daraus nicht ohne weiteres auf tatsächlich mit einer Trennung verbundene Verschiebungen zwischen Eisen und Beton geschlossen werden könnte. Es darf ferner noch angeführt werden, daß bei den durch Preuß

---

der Fall. Immerhin deckt nach den neuesten Versuchen von Preuß („Arm. Beton" 1910, Heft 9) die Bezeichnung „Gleitwiderstand" den größeren Teil des überhaupt geleisteten Widerstandes, so daß im Hinblick hierauf der Bezeichnung Bachs eine erhebliche Berechtigung nicht abzusprechen ist. (Siehe auch „Schlußfolgerungen" S. 22 und 52.)

[1] Bach, Mitteilungen über Forschungsarbeiten Hefte 22, 39, 45—47 und 72—74.

[2] Im übrigen sei bemerkt, daß auch bei Versuchen der franz. Regierungskommission die ersten „Bewegungen" des Eisens schon verhältnismäßig früh festgestellt wurden; siehe „Beton und Eisen" 1910, Heft 12, Artikel von Graf.

festgestellten ersten Verschiebungen die Eisenbeanspruchungen noch derart niedrige sind, daß an meßbare „Verschiebungen" der Eisen ohne ebenfalls meßbare Beeinflussung der Enden nicht wohl gedacht werden kann, denn aus der Eisendehnung allein wäre die gemessene Bewegung bei der niederen Beanspruchung nicht zu erklären. Außerdem lauten die Ergebnisse der anderweitigen bisherigen direkten Trennungs- und Biegungsversuche im allgemeinen auf ein wesentlich innigeres Zusammenhalten zwischen Eisen und Beton, so daß mit Rücksicht auf den Einzelfall der Preußschen Ergebnisse eine zunächst abwartende Beurteilung verständlich erscheinen muß. Dazu kommen noch die auffallenden Sprünge in den Spiegelablesungen am Meßpunkt 3 bei den letzten Laststufen. Es dürfte nicht unwahrscheinlich sein, daß erst mit diesen Sprüngen eine wirkliche, mit einer körperlichen Trennung verbundene Verschiebung zwischen Eisen und Beton eintritt, die vorher beobachteten „Bewegungen" dagegen in der Hauptsache anderen Ursachen, etwa den angeführten, zuzuschreiben sind. Es wird jedoch gegenüber diesen vorläufigen Bemerkungen gesagt werden müssen, daß nur durch weitere Versuche hierin eine sichere Basis der Beurteilung erreicht werden kann.

In weiterer Ausführung der S. 3 gemachten Darlegungen erscheint somit das, was heutzutage unter der Bezeichnung Haftfestigkeit,[1] Adhäsion,[2] Haftvermögen, Haftkraft,[3] Haftfähigkeit,[3] Gleitwiderstand,[4] Einspann- und Klemmfestigkeit[5] gemeint ist, als ein Sammelname und als Gesamtbezeichnung für eine Reihe von Einzelvorgängen, welche in Wesen und Wirkung recht verschiedener Natur sind.

In Übereinstimmung mit Preuß[6] kann man bei dem Versuche, einen einbetonierten Eisenstab vom Beton zu trennen, 3 Phasen unterscheiden:

Phase I und Phase II: Überwindung der Haftung, H (des Anteils des Bindemittels), sowie Überwindung des Reibungswiderstandes der Ruhe, R, hervorgerufen durch die als tatsächlich vorhanden angenommene Klemmwirkung des Betons.

Eine zeitliche Scheidung der beiden Phasen I und II erscheint mit Hilfe des bis jetzt vorliegenden Versuchsmaterials nicht möglich, da eine Bewegung erst dann eintritt, wenn beide Widerstände überwunden sind.

Für die Intensität der beiden Phasen I und II dürften namentlich das Mischungsverhältnis, der Wasserzusatz und die Aufbewahrung des Betons, nebst seinem Alter und der Oberflächenbeschaffenheit der Eiseneinlage in Betracht kommen.

Phase III: Überwindung des Widerstandes der Bewegung, G, oder des Gleitwiderstandes.

Für die Erscheinungen der Phase III dürften vor allem die Abweichungen des Eisenstabes von der prismatischen Form eine Rolle spielen. Unter Umständen kann jedoch beim Gleiten die vorher prismatische Form des Eisenstabes wesentliche Veränderungen durch

---

[1] Die allgemeinere, meistens angewandte Bezeichnung.

[2] Siehe die „vorläufigen Leitsätze für die Vorbereitung, Ausführung und Prüfung von Eisenbetonbauten", aufgestellt vom Verbande deutscher Architekten- und Ingenieurvereine und dem deutschen Betonverein 1904, Kommissionsausgabe, S. 9, 10, 11, 13, 14, 15. Ferner: Mörsch, Der Eisenbetonbau 1. Aufl., S. 63.

[3] Probst, Das Zusammenwirken von Eisen und Beton 1906. Desgl., Einfluß der Armatur und der Risse im Beton auf die Tragsicherheit 1907. Mitteilungen aus dem Königl. Materialprüfungsamt Gr.-Lichterfelde West, I. Ergänzungsheft.

[4] Siehe S. 3 unten, Anm. 7.

[5] Michaelis, „Zement und Beton" 1905, S. 91. (Quelle Foerster.)

[6] „Arm. Beton" 1910, Heft 9, S. 343.

Aufrauhung[1]) erfahren, so daß der Wert des Gleitwiderstandes erheblich über die Summe der Widerstände H + R steigt.[2])

Zur näheren Beleuchtung des Anteils der einzelnen Phasen am Gesamtwiderstand, namentlich aber zur kritischen Untersuchung der Anteile der Haftung und der Klemmwirkung seien nun diejenigen neueren Versuche herangezogen, welche hierauf Bezug haben.

Die Versuche über reine Haftung des Eisens am Beton (Klebewirkung des Bindemittels) sind wenig zahlreich. Aus dem bisherigen Standpunkt der Allgemeinheit heraus, daß nämlich der Klemmwirkung der Hauptanteil zufalle, ist dies wohl zu verstehen; das bis jetzt Vorhandene genügt jedoch immerhin, um wenigstens einige Anhaltspunkte herauszuschälen.

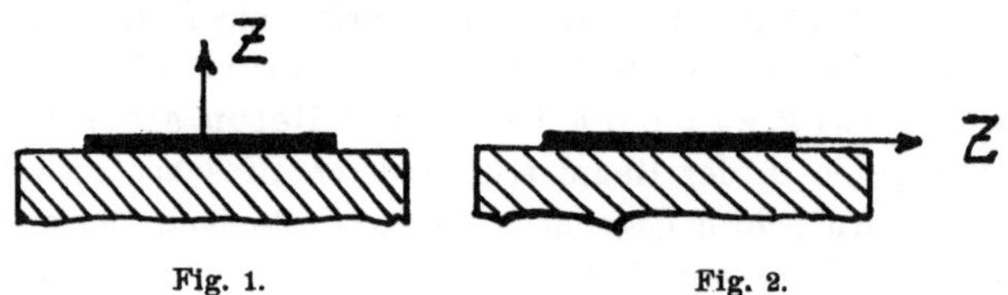

In Anbetracht des Umstandes, daß in der Praxis des Eisenbetonbaues die auf Trennung gerichtete Kaft immer in der Richtung der Haftfläche selbst, und nicht senkrecht dazu, angreift, treten die Versuche von Breuillie,[3]) Müller[4]) und Bach-Graf[5]) an Bedeutung zurück gegenüber denjenigen von Preuß,[6]) welcher erstmals unter möglichster Ausschaltung der Klemmwirkung versuchte, den Anteil der reinen Haftung zur Darstellung zu bringen.

---

1. Aus den soeben erwähnten Versuchen von Preuß[6]) ergibt sich nun scheinbar allerdings der Anteil der reinen Haftung als verhältnismäßig sehr gering; nach dem bekannten Rechnungsverfahren: Höchstkraft dividiert durch gesamte Haftfläche erhielt Preuß im Mittel nur 1,09 kg für 1 qcm. Derartig niedrige Zahlen, als Absolutwerte betrachtet, finden sich nur noch bei Breuillie, welcher (Kraftangriff senkrecht zur Haftfläche) für Mörtel 1 : 2 nach 27 Tagen ebenfalls nur 1,32 kg/qcm feststellen konnte. Dagegen lieferten die vorerwähnten Versuche von Müller und Bach übereinstimmend[7]) für die Trennung senkrecht zur Haftfläche erheblich größere Zahlenwerte, die sich für rostfreie und zum erstenmal verwendete Bleche nach 28 Tagen zu rund 12—14 kg/qcm ergaben. Dieser Unterschied ist nur zum kleineren Teile in der Verschiedenheit der Mörtelmischungen und der Lagerung zu suchen, als vielmehr in dem Umstand der wesentlich verschiedenen Haftflächengrößen, indem Breuillie 3,5 . 7,0 = 24,5 cm² Fläche verwendete, während Müller und Bach je nur 5 cm² eingebaut hatten. Die Breuillieschen Versuche sind übrigens hinsichtlich der Zahlenwerte auch deshalb mit etwas Vorsicht aufzunehmen, weil in den betreffenden Veröffentlichungen über die Vorkehrungen zu einer möglichst gleichmäßigen Kraftverteilung

---

[1]) Bach, Versuche über den Gleitwiderstand einbetonierten Eisens S. 37.

[2]) Desgl. S. 37, Fig. 34, und die Bemerkung von Preuß in „Arm. Beton" 1910, Heft 9, S. 343, über die „sperrkeilartige Wirkung der Sandkörner".

[3]) Annales des Ponts et Chaussées 1902, oder „Zement und Beton" 1905, oder „Tonindustriezeitung" 1904, S. 1293.

[4]) Dr. Ing. R. Müller, Neue Versuche mit Eisenbetonbalken über die Lage und das Wandern der Nullinie und die Verbiegung der Querschnitte. Versuche über reine Haftfestigkeit 1908, Berlin, W. Ernst & Sohn.

[5]) Bach und Graf, Mitteilungen über einige Nebenuntersuchungen auf dem Gebiete des Betons und Eisenbetons. „Arm. Beton" 1910, Heft 7, S. 276 ff.

[6]) Preuß, Zur Frage der Haftfähigkeit zwischen Beton und Eisen. „Arm. Beton" 1909, Heft 9, S. 336 ff.

[7]) „Übereinstimmend" zunächst nur hinsichtlich der absoluten Zahlenwerte. Das teilweise Ergebnis Müllers, daß die Haftung an angerosteten Blechen häufig kleiner sich erwies als an blauen Flächen, ist von Bach im Einklang mit sämtlichen anderen diesbezüglichen Versuchen richtig gestellt worden.

über die ganze Haftfläche nur spärliche Mitteilungen gemacht sind.[1]) Die im großen und ganzen übereinstimmenden Ergebnisse Müllers und Bachs scheinen viel eher die wirkliche Größe der Haftung des Eisens am Beton anzugeben, wie dies auch mehr den täglichen Wahrnehmungen der Praxis entspricht. Es sei ferner die rein logische Vermutung ausgesprochen, daß — wenn die Zahlen von Breuillie die zutreffenderen wären — bei den Versuchen von Preuß mit den geschlitzten Röhren, der sehr großen Haftfläche von 324 qcm und der Beanspruchung in Richtung der Haftfläche selbst, sich noch viel kleinere Werte für die Haftung hätten ergeben müssen, so daß eigentlich fast nichts hätte erwartet werden dürfen. Dagegen kann die Preußsche Zahl von 1,09 kg/qcm gegenüber den Ergebnissen von Müller und Bach-Graf um so erklärlicher erscheinen, als bei den letzteren Versuchen jedes Quatratzentimeter der Haftfläche mit großer Annäherung dieselbe Kraftgröße zu übertragen hatte, während bei Preuß mit einer Art von Hintereinanderschaltung der Haftflächeneinheiten gerechnet werden muß. Wie im 2. Kapitel des Näheren ausgeführt ist, und wie dies bis jetzt in allgemeinerem Rahmen bekannt ist, werden zur Kraftweiterleitung mittels der Haftung oder der Haftfestigkeit zunächst diejenigen Oberflächenteile des Eisenstabes herangezogen, welche der Lasteintrittsstelle am nächsten liegen.[2]) In diesem Sinne ist zunächst auch die Preußsche Zahl 1,09 im Vergleich mit den höheren Ergebnissen direkter Trennungsversuche aufzufassen.

(Siehe die Zusammenstellungen 1—4 auf S. 8 u. 9.)

Betrachtet man nun die Ergebnisse der Versuche von Preuß für die geschlitzten Rohre im Vergleich mit den ungeschlitzten, so ist bemerkenswert, daß zwar bei den geschlitzten Rohren III und IV, die beide an der Luft lagerten, die Trennung bereits bei einer Zugkraft von im Mittel $\frac{385 + 320}{2} = \sim 353$ kg erfolgte, daß aber auch bei den Körpern mit den ungeschlitzten Rohren, wo also die Klemmwirkung tätig sein konnte, bereits bei 360 kg für den luftgelagerten Körper eine Bewegung des Eisens im Beton festgestellt werden konnte.

Hätte also die oben näher besprochene Klemmwirkung des dazu an der Luft gelagerten Betonwürfels eine zusätzliche und günstige Wirkung ausgeübt, so hätte diese Wirkung doch zum mindesten darin zum Ausdruck kommen müssen, daß die erste meßbare Verschiebung zwischen Eisen und Beton später, d. h. bei höherer Belastung eingetreten wäre.

Aus dem Umstande, daß auch bei dem luftgelagerten Würfel mit ungeschlitztem Rohre die erste Verschiebung zwischen Eisen und Beton bei derselben Zugkraft festgestellt werden konnte, wie sie bei den geschlitzten Rohren die Auflösung der Haftung bewirkte, kann auf einen nennenswert günstigen Einfluß der Klemmwirkung des an der Luft erhärteten Betons nicht wohl geschlossen werden.

Das weitere Verhalten der Röhren wird bei den beiden verschiedenartigen Typen in sehr instruktiver Weise beleuchtet. Während bei den auf 350 mm Länge geschlitzten Rohren die Unvollkommenheiten der prismatischen Form — welche Unvollkommenheiten infolge des vorherigen absichtlichen Rostenlassens jedenfalls gefördert wurden — bei der Trennungsbewegung deshalb nicht zum Ausdruck kommen konnten, weil die federnden Quadranten dem beim Gleiten entstehenden radialen Druck sofort nach innen ausweichen konnten, ergab sich aus dem gegenteiligen Grunde bei den ungeschlitzten Rohren noch ein erheblicher Gleitwiderstand, der verhinderte, daß auch bei den vollwandigen Rohren der Beginn des Gleitens zugleich auch das Ende der Widerstandsfähigkeit bedeutete.

---

[1]) Auch gehören die Breuillieschen Versuche schon der „älteren" Versuchszeit an, so daß eine neuerliche Wiederholung derselben zu begrüßen wäre.

[2]) Bach, Versuche über den Gleitwiderstand einbetonierten Eisens 1905, S. 14, 32, 41. Mörsch, Der Eisenbetonbau III. Aufl., S. 52. Wienecke im „Handbuch für Eisenbetonbau" I. Band, S. 145.

Zusammenstellung 1. (Breuillie.)

Erhärtung in Tagen	2	7	12	17	22	27	30
Haftung in kg/cm²	0,28	0,67	0,95	1,14	1,30	1,32	1,54

Zusammenstellung 2. (Müller.)

1 C : 3 Normalsand		Haftung Mittel kg/cm²	Erhärtung
Nach 7 Tagen. Bleche zum erstenmal verwendet.	$10,95 + 13,05 + 11,95$	**12,0**	24 Std. an der Luft, dann unter Wasser.
Nach 28 Tagen. Bleche zum erstenmal verwendet.	$12,34 + 12,9 + 16,24 +$ $16,55 + 18,02 + 7,85 +$ $10,20 + 20,84 + 9,65$	13,84	Wie vor.
Desgl.	7,6 bis 18,0	11,9	Wie vor.
Bleche zum zweitenmal verwendet.	$5,3 + 6,6 + 8,7 + 7,3 + 8,6$ $+ 8,2 + 5,85 + 5,95$	7,06	Bis 48 Std. vor dem Versuch im Wasser.
Nach 16 Monaten. Bleche zum erstenmal verwendet.	$12,0 + 25,0 + 26,5 + 26,5$ $+ 11,0$	20,2	24 Std. an der Luft, 4 Wochen im Wasser, dann feuchte Luft.
1 C : 3¹/₂ Wesersand : 1 Leinekies		Mittel	Erhärtung
Nach 7 Tagen. Bleche wie oben.	$2,5 + 5,9 + 5,3 + 7,34$	6,5	Wie oben.
Nach 28 Tagen. Bleche zum erstenmal verwendet.	$9,1 + 9,0 + 7,14 + 8,3$ $+ 9,24 + 8,0 + 13,40$	9,2	Desgl.
Bleche zum zweitenmal verwendet.	$8,8 + 7,8 + 5,95 + 8,20$ $+ 4,5 + 7,5 + 9,55 + 7,45$ $+ 6.3 + 6,1$	7,21	Desgl.
Nach 16 Monaten. Bleche wie oben.	$17,0 + 5,0 + 15,8 + 27,5$ $+ 13,5 + 26,75$	17,6	Desgl.

Zusammenstellung 3. (Müller.)

Mischung	Alter	Schwankungen	Zugfestigkeit
1 : 3	7 Tage 28 „ 16 Monate	10,95—13,05 7,85—20,84 11,00—26,5	19,85 28,0 —
1 : 3¹/₂ : 1	7 Tage 28 „ 16 Monate	5,3 — 7,5 4,5 —13,4 5,0 —26,75	14,90 28,0 45,0

Zusammenstellung 4. (Bach-Graf.)

Blecheinlage:	„Haftfestigkeit" in kg/cm²: (Haftung)		
	45 Tage in feuchtem Sande	1 Tag im Kasten, 44 Tage unter Wasser	1 Tag im Kasten, 6 Tage unter Wasser, 38 Tage Luft
Glattes Blech	$(7{,}0 + 6{,}5 + 3{,}0 + 5{,}0 + 3{,}5 + 5{,}5 + 4{,}5):7$ 5,0	$(15{,}0 + 11{,}5 + 11{,}5 + 11{,}0 + 12{,}5):5$ 12,3	$(4{,}5 + 3{,}5 + 3{,}5 + 2{,}5 + 3{,}0):5$ 3,4
Rostiges Blech	$(6{,}0 + 6{,}5 + 6{,}0 + 6{,}0 + 7{,}5 + 7{,}5 + 10{,}5):7$ 7,1	$(20{,}0 + 16{,}5 + 21{,}5 + 20{,}0 + 18{,}0):5$ 19,2	$(10{,}0 + 9{,}5 + 5{,}0 + 7{,}0 + 7{,}0):5$ 7,7

Es ist also diesen Ergebnissen von Preuß weit eher die Folgerung zu entnehmen, daß zwar — zunächst als Absolutzahl[1]) — die Haftung allein verhältnismäßig gering ist, daß aber auch durch das Hinzutreten der event. Klemmwirkung des an der Luft erhärteten Betons eine Steigerung derjenigen Last nicht erzielt werden konnte, bei welcher erstmals eine Verschiebung zwischen Eisen und Beton festgestellt wurde. Die Steigerung der Höchstkraft von i. M. 353 kg bei den geschlitzten Rohren auf 5800 kg bei Würfel II erscheint vielmehr als Leistung des Gleitwiderstandes, so daß sich in den Gesamtwiderstand Haftung und Gleitwiderstand im ungefähren Verhältnisse 1 : 16 teilen, während für die Klemmwirkung eine nennenswerte Anteilnahme nicht zu erkennen ist.

Die Behandlung der Würfel mit den geschlitzten Rohren (Ausbohren und Herausschlagen des provisorisch eingesetzten Holzdorns) könnte zwar einige Bedenken gegenüber der geringen Haftzahl aufkommen lassen. Diese Bedenken werden aber nicht etwa dadurch zerstreut, daß, wie Preuß anführt, die Trennung zwischen Eisen und Beton plötzlich erfolgte — der Natur der Sache nach und nach anderweitigen Versuchen war dies nicht anders zu erwarten —, sondern nur dadurch, daß auch bei den Körpern I und II, wo kein Holzdorn mit mehr oder weniger Gewalt entfernt werden mußte, das erste Gleiten ebenfalls bei derselben Last festgestellt wurde.

Es wäre wirklich interessant gewesen, wenn Preuß bei den geschlitzten Rohren festgestellt hätte, ob sich unter einer etwaigen Klemmwirkung der innere Durchmesser des geschlitzten Rohrendes verringert hätte, was ohne Zweifel der Fall gewesen wäre, wenn dort die vorausgesetzte Klemmwirkung des Betons zum Ausdruck gekommen wäre.

Im übrigen stehen, unter entsprechender Berücksichtigung des Alters und des Mischungsverhältnisses, die Preußschen Ergebnisse mit den ungeschlitzten Rohren im Einklang mit denen von Bach[2]) für 40 mm starkes Rundeisen bei 30 cm Einbettungslänge und langer Versuchsdauer. Beide Zahlen sind übrigens, namentlich auch im Hinblick auf die Ermittlungen des 2. Abschnitts, nur als Vergleichs-, nicht als Absolutwerte aufzufassen.

---

[1]) und mit Rücksicht auf das Rechenverfahren P : F.

[2])

Preuß	Bach
Arm. Beton 1909, Heft 9.	„Gleitwiderstand" S. 32.
Φ 37 mm	Φ 40 mm
28 Tage	3 Monate
1 : 3 : 3	1 : 4
$\tau_1 = 18{,}2$	$\tau_1 = 26{,}8$
aus P : F	aus P : F

2. Wie bereits S. 2 angedeutet worden ist, konzentriert sich die Erklärung des Verbundes zwischen Eisen und Beton vor allem in der Vorstellung von der Klemmwirkung des sich bei der Erhärtung zusammenziehenden Betons. Man findet diese Erklärung in der Literatur regelmäßig widerkehrend, ohne daß hieran anknüpfende kritische Bemerkungen dazu vorhanden wären.

Nun kann aber die Vorstellung von der Klemmwirkung des erhärtenden Betons nur dann eine Grundlage haben, wenn der Erhärtungsvorgang mit einer Volumenverminderung, mit einem Zusammenziehen des Betons verbunden ist. Bei Luftlagerung trifft dies auch tatsächlich zu.[1]) Erhärtet der Mörtel oder der Beton aber unter Wasser, so findet ausnahmslos eine Volumvergrößerung, eine Ausdehnung statt,[2]) die zwar ihrem Absolutwert nach meistens kleinere Werte erreicht als die entsprechende Verkürzung bei Luftlagerung, in Anbetracht deren jedoch sich die Vorstellung von einem Zusammenziehen und Klemmen des Betons nicht mehr aufrecht erhalten läßt. Trotzdem aber ergeben sich bei wassergelagerten Versuchskörpern nicht etwa — unter sonst gleichen Verhältnissen — kleinere Haftfestigkeitswerte, sondern im Gegenteil, die Zahlenwerte sind ganz erheblich größere.[2]) Die mit der Wasserlagerung verbundene Ausdehnung des Betons konnte also — entgegen der Erwartung — einen nachteiligen Einfluß nicht ausüben. Man kann nun nicht sowohl die Volumenverringerung als auch die Volumenvergrößerung heranziehen, um sich eine Preßwirkung des Betons zu erklären;[3]) es dürfte vielmehr das günstigere Ergebnis der Wasserlagerung eher in einer günstigeren Beeinflussung des Bindemittels durch das Wasser gesucht werden, so daß namentlich letzterem, dem Bindemittel also, der Hauptanteil an der Zunahme des Widerstandes zuzuschreiben wäre.

Daß schon die reine Haftung bei Wasserlagerung gegenüber Luft- oder kombinierter Lagerung ganz erheblich zunimmt, beweisen vor allem die Versuche von Bach-Graf,[4]) bei denen die Haftung nach Wasserlagerung sich um 146—262 % größer ergab als nach Lagerung an der Luft bezw. im feuchten Kasten. Schon die Lagerung unter feuchten Säcken hat bekanntlich einen günstigeren Einfluß auf den Verbund als die bloße Luftlagerung.[5]) Wenn nun aber nach Schüle, Mitteilungen der Eidgenössischen Materialprüfungsanstalt Zürich Heft 13, Tafel II, schon bei feuchter Sandlagerung eine Ausdehnung des Betons, und nicht eine Verkürzung eintritt, so fehlt schon für die feuchte Sandlagerung die Tatsache des Zusammenziehens des Betons, um eine Klemmwirkung erklärlich zu machen.

Der scheinbare Widerspruch kann jedoch ohne Schwierigkeit dahin gedeutet werden, daß die feuchte und die Wasserlagerung einen durchweg günstigen Einfluß auf die chemische Entwicklung und auf die endliche Intensität des Bindemittels ausüben, so daß also die

---

[1]) Bach, Mitteilungen über Forschungsarbeiten Heft 72 bis 74, Anhang S. 99 und Fig. 145 und 146, 1909. Schüle, Mitteilungen der Eidgenöss. Materialprüfungsanstalt Zürich 13. Heft, 1909, S. 51 bis 70. Nach den graph. Angaben von Tafel II tritt unter Umständen schon bei feuchter Sandlagerung eine Verlängerung statt einer Verkürzung ein. Französische Regierungskommission, Expériences, Rapports etc. 1907; siehe auch Probst, Ergänzungsheft I 1907, S. 61, 62. Considère, Experimentaluntersuchungen über die Eigenschaften der Zementeisenkonstruktionen 1902, S. 2 u. f.

[2]) Bach, Mitteilungen über Forschungsarbeiten Heft 45 bis 47, S. 60 und 149; Heft 72 bis 74, S. 55, 56, 57. Bach und Graf, „Arm. Beton" 1910, Heft 7, S. 277, 279.

[3]) Bach sagt nämlich im Heft 45 bis 47, S. 61 oben, daß die Erscheinung der größeren Haftfestigkeit bei Wasserlagerung zum Teil damit erklärt werden kann, „daß der Beton unter Wasser sein Volumen vergrößert und sich damit gleichzeitig mit größerer Pressung gegen das Eisen legt" (siehe hierüber noch später S. 11).

[4]) Bach-Graf, „Arm. Beton" 1910, Heft 7, S. 278.

[5]) Desgl. und Bach, Mitteilungen über Forschungsarbeiten Heft 45 bis 47, S. 60, sowie Heft 72 bis 74, S. 57 unten.

größeren Werte der Haftung und der Haftfestigkeit (bei einbetonierten Eisen) lediglich der größeren Wirksamkeit des Bindemittels zugeschrieben werden können, ohne daß dabei die eventuelle Klemmwirkung eine Rolle zu spielen braucht.

In diesem Sinne betrachtet, wird es auch verständlich, warum bei den Preußschen Versuchen („Arm. Beton" 1909, Heft 9) der wassergelagerte Körper II (siehe Zusammenstellung 5) erst später und dann namentlich in viel geringerem Maße eine Bewegung erkennen läßt als der luftgelagerte Körper I. Die größere Intensität des Bindemittels läßt z. B. bei dem wassergelagerten Körper II erst bei 5180 kg dieselbe Verschiebung zu, wie sie bei Körper I bereits unter einer Belastung von 360 kg vorhanden ist, vorausgesetzt, daß der Gleitwiderstand bei beiden Lagerungsarten etwa derselbe war, was natürlich fraglich ist. Wäre dies der Fall, so könnte man bei Wasserlagerung sogar von einer gewissen Elastizität des Bindemittels sprechen, wobei aber die Anrostung der Rohre auch mit in Betracht zu ziehen ist.

Stellt man sich die Volumenvergrößerung des Betons bei Wasserlagerung als ein Quellen des Betons vor, wie Bach dies wohl meint (siehe Fußbemerkung S. 10, Anm. 3), so könnte man sich zunächst auch bei Wasserlagerung ein Anpressen des Betons an das Eisen vorstellen. Da aber beide Vorgänge, sowohl das Zusammenziehen als auch das Quellen, insofern wesensgleich sind, als sie Volumenveränderungen des Betons sind, so müßte vermutlich bei gleichen Volumenveränderungsgrößen auch die Äußerung dieser, die mechanischen Einwirkungen auf den Beton, annähernd dieselben sein. Nun findet aber bei Wasserlagerung unter sonst gleichen Verhältnissen ein räumlich geringeres „Quellen" statt als die Zusammenziehung des Betonkörpers beträgt. Folglich müßte auch bei Wasserlagerung eine geringere Haftfestigkeit — wenn man sich die Wirkung des Bindemittels ausgeschaltet denkt — erwartet werden können. Es ist aber das gerade Gegenteil der Fall, woraus geschlossen werden kann, daß zur Erklärung des günstigeren Verhaltens wassergelagerter Eisenbetonkörper die Vorstellung vom größeren Anpressen des Betons an das Eisen allein noch nicht ausreichend sein dürfte.

Zusammenstellung 5. (Preuß.)

Rohr	Lagerung vom 6. bis 28. Tage	Belastung kg	Verschiebung m/m
I	Luft	360	0,47
		1090	0,92
		4090	1,47
		6342	4,20
II	Wasser	710	0,00
		950	0,03
		1850	0,12
		3020	0,21
		5180	0,41
		5800	1,04

3. Für die weitere Beurteilung des Wesens des Verbundes zwischen Eisen und Beton dürfte namentlich auch die Abhängigkeit der Haftfestigkeit vom Mischungsverhältnis in Betracht kommen. Die hierfür in Frage kommenden Versuche[1] besagen über-

----

[1] Bach, Mitteilungen über Forschungsarbeiten Heft 72 bis 74, S. 41 ff. Foerster, Das Material und die statische Berechnung der Eisenbetonbauten S. 65 und 67. Versuche der Material-

einstimmend, daß die Haftfestigkeit sehr rasch mit dem Zementzusatz abnimmt. Damit sind vorläufig die Biegeversuche gemeint, bei denen die „Haftfestigkeit" als Äußerung der Summe der S. 5 erwähnten Einzelwiderstände erscheint. Greift man die direkten Zugversuche von Bach-Graf heraus, so gibt Fig. 2 in „Arm. Beton" 1910, Heft 7, S. 277 an, daß bei feuchter Lagerung (Lagerung auf feuchtem Sand, bis zur Prüfung mit nassen Säcken bedeckt) für das Mischungsverhältnis 1 : 3 eine mittlere[1]) Haftfestigkeit von 28,9 kg/cm² erhalten wurde, während für das Mischungsverhältnis 1 : 4$\frac{1}{2}$ die Haftfestigkeit nur noch 21,4 kg/cm² betrug, das ist, auf 28,9 bezogen, eine Abnahme von rund 26 %. Betrachtet man andererseits die Ergebnisse direkter Haftversuche, z. B. diejenigen von Müller (Neue Versuche mit Eisenbetonbalken usw. siehe S. 6 Anm. 4), so ergibt sich als arithemetisches Mittel aus allen für Normalsand 1 : 3 angestellten Versuchen nach 28 Tagen und bei Wasserlagerung eine Haftung von 13,84 kg/cm², entsprechend für das Mischungsverhältnis 1 : 4$\frac{1}{2}$ dagegen nur 9,2 kg/cm², das ist, auf 13,84 bezogen, ein Abfall von 33 %. An · sich sind die eben angeführten Zahlenwerte der beiden Versuchsserien nicht zu vergleichen, die herausgehobenen Differenzen der Ergebnisse für magere und fettere Mischungen lassen jedoch erkennen, daß der Haftfestigkeitsabfall bei den Bach-Grafschen Versuchen bereits aus dem Abfall der reinen Haftung, d. h. aus dem Abfall der Intensität des Bindemittels, erklärt werden kann, so daß auch aus diesen Beobachtungen die Vermutung abgeleitet werden darf, daß die Abnahme der Haftfestigkeit mit der Abnahme des Zementgehaltes ihre Ursache in der, ebenfalls mit dem Zementgehalt abnehmenden, geringeren Klebewirkung des Bindemittels hat.

Hierzu ist nur vor allem noch zu erwägen, in welchem Verhältnis die Längenänderungen des Betons bei verschiedenen Mischungen zu einander stehen, und ob etwa daraus eine solche Verschiedenheit der Klemmwirkung ersichtlich wäre, daß hierin der Grund oder wenigstens mit ein Grund für die Abnahme der Haftfestigkeit zu suchen ist.

Von den neueren Versuchen geben hierüber diejenigen von Schüle[2]) am besten Aufschluß, da dort auch gerade diejenigen Mischungsverhältnisse vertreten sind, welche oben in den Kreis der Betrachtung gezogen wurden. Bei den beiden unten[2]) genannten Tafeln ist stets das in größerem Maßstabe gezeichnete Graphikon links ins Auge zu fassen. Im Hinblick auf die Bach-Grafschen Versuche kommen die Mörtelmischungen 1 : 3 und 1 : 5 bei feuchter Sandlagerung (gestrichelte Linien Schüles) in Betracht. Bei beiden Mischungen ist eine Ausdehnung des Betons zu konstatieren.[3]) Aber abgesehen hiervon (siehe hierüber S. 10), sind zwar die Unterschiede in den Ausdehnungen bei Portlandzement, Marke Z, für Mörtel nach 28 Tagen (Schüle S. 63) ziemlich erheblich (0,075 gegen 0,044 mm, Abfall 41,4 % auf 0,075 bezogen), bei 7 Tagen Erhärtung beträgt der Unterschied dagegen nur rund 24 %. Folglich müßte — wenn man hauptsächlich die Klemmwirkung als vorhanden annimmt — die Haftfestigkeit von 7 auf 28 Tage um beinahe das Doppelte zunehmen. Bei dem Portlandzement Marke V (Schüle S. 66) beträgt in analoger Weise nach 28 Tagen der Unterschied (0,043 gegen 0,035 mm) nur 18,6 %, nach

---

prüfungsanstalt Gr.-Lichterfelde West. (Berlin) und der Réunion des membres français et belges de l'Association internationale pour l'essai des matériaux de construction. Vergl. auch „Beton und Eisen" 1905, Heft 6, S. 150, 151. Bach und Graf, „Arm. Beton" 1910, Heft 7, S. 277.

[1]) „mittlere", da sie aus P : F erhalten wurde.

[2]) Schüle, Mitteilungen der Eidgenöss. Materialprüfungsanstalt am Schweiz. Polytechnikum in Zürich Heft 13 u. a. Längenänderungen von Mörtel und Beton beim Erhärten. Tafel II, S. 71 und Tafel III, S. 73. Schüle hat bei diesen Untersuchungen die verschiedenen Mischungsverhältnisse und das verschiedene Alter sehr eingehend berücksichtigt.

[3]) Es ist vielleicht anzunehmen, daß das Sandbett bei Schüle einen bedeutend höheren Wassergehalt aufwies, als dies sonst bei Lagerung unter feuchtem Sande im allgemeinen der Fall ist.

7 Tagen zeigt dort jedoch die Mischung 1 : 5 die größere Ausdehnung, so daß hieraus ohne weiteres ein Widerspruch entstehen müßte, wollte man die, auch mit dem Quellen als vorhanden angenommene Klemmwirkung gelten lassen. Die Versuche von Müller lassen nämlich auch bei 7 Tagen Erhärtungsdauer den verhältnismäßig großen Unterschied in der Haftung bei den Mischungsverhältnissen 1 : 3 und 1 : 4½ bestehen, sie zeigen zudem bei dem mageren Mischungsverhältnis 1 : 4½ eine weit größere Zunahme der Haftung von 7 auf 28 Tage, während nach Schüle bei beiden Zementmarken die Zunahmen der Quellung beim fetteren Mischungsverhältnis weit erheblicher sind als bei der mageren Mischung.

Während ferner auch bei luftgelagerten Körpern nach 28 Tagen, sowie bei jedem Alter, ein entsprechender Unterschied in der Haftfestigkeit für verschiedene Mischungsverhältnisse zu verzeichnen ist,[1] weist z. B. die Schülesche Tafel II sowohl für Mörtel 1 : 3 als auch für 1 : 5 ganz dieselbe Größe der Zusammenziehung auf. Beim Beton (Tafel II und III) ist festzustellen, daß die Linienzüge für 150 und 300 kg Zement pro m³ Kies und Sand, namentlich bei Luftlagerung, öfters einander kreuzen, so daß hieraus eine in einheitlichem Sinne vorhandene Klemmwirkung schwerlich abgeleitet werden kann, da hiermit die Haftfestigkeitsversuche überhaupt in offensichtlichem Widerspruche stehen.

4. Während ferner die Zunahme der Haftung und der Haftfestigkeit mit dem Alter aus sämtlichen diesbezüglichen Versuchen hervorgeht,[2] ist eine entsprechende Zunahme der Volumenveränderungen des Betons oder des Mörtel, namentlich bei höherem Alter und namentlich bei Wasserlagerung, aus den Diagrammen Schüles (Heft 13 der Eidgenöss. Mitteilungen) und Bachs (Heft 72 bis 74 der „Mitteilungen" über Forschungsarbeiten S. 101 und 102) nicht zu entnehmen. Schon nach einer Erhärtung von 210 Tagen hat z. B. der Beton mit 450 kg Zement pro m³ Sand und Kies deutlich die Tendenz zur Abnahme seiner Quellung (bei Wasserlagerung und bei Zementmarke Z), auch zeigen fast sämtliche Linienzüge nach 84 und vollends nach 210 Tagen nur noch ein mattes Anziehen der gemessenen Formänderungen; bei der feuchten Sandlagerung ist sogar vom 28. Tage an schon ein Nachlassen der Ausdehnungen zu bemerken, ja bei der Zementmarke V fallen beim Mörtel beide Mischungsverhältnisse 1 : 3 und 1 : 5 vom 28. Tage an ab bis zum 84. Tage, welcher Vorgang sich vom 210. Tage an abwechselnd bei 1 : 3 und 1 : 5 wiederholt.

Im Gegensatz hierzu steht z. B. für Beton 1 : 5 die lebendige Zunahme der Haftfestigkeit von 45 Tagen auf 3 Monate (Bach, Heft 72/74, S. 54, Abb. 71), während aus Schüles Diagramm (Heft 13, Tafel II und III) für Beton 1 : 5 (300 kg Zement auf 1 m³ Kies und Sand), namentlich auf Tafel II eine nennenswerte Veränderung in der Ausdehnung des Betons nicht zu konstatieren ist. Auf Tafel II ist sogar die Linie für 300 kg von 7 bis zu 210 Tagen nahezu eine Horizontale.

Mit diesen Ausführungen soll darauf hingewiesen werden, daß sowohl hinsichtlich des Mischungsverhältnisses als hinsichtlich des Alters irgend welche nennenswerte Grundlagen für das Vorhandensein einer Klemm- oder Quellwirkung des Betons auf das Eisen nicht ermittelt werden können, daß sich dagegen aus dem Versuchsmaterial für reine Haftung viel eher solche Schlüsse ziehen lassen, die geeignet sind, die stetige Zunahme der Haftfestigkeit mit dem Zementgehalt und mit dem Alter hauptsächlich der

---

[1] Foerster, Das Material und die stat. Berechnung der Eisenbetonbauten. Tafel II, S. 65 aus Versuchen von Rudeloff. Speziell über luftgelagerte Körper mit verschiedenen Mischungsverhältnissen ist das Material darüber sehr spärlich.

[2] Probst, Mitteilungen Gr.-Lichterfelde West, Ergänzungsheft I 1907, S. 120. Desgl. „Arm. Beton" 1909, Heft 2 (Versuche für die Aktienges. für Hoch- und Tiefbau, Frankfurt a. M.). Dr.-Ing. Müller, Neue Versuche usw., Anhang, siehe auch Zusammenstellung 2, S. 8. Bach, Mitteilungen über Forschungsarbeiten Heft 45 bis 47, S. 148; Heft 39, S. 43, Ziff. 9; Heft 72 bis 74, S. 54, Fig. 71.

ebenfalls als stetig ermittelten Zunahme der reinen Haftung zuzuschreiben, so daß auch hier die Bedeutung des Bindemittels in den Vordergrund rückt.

Anmerkung. Im Hinblick auf die Erörterungen über die Wirkungen des Zusammenziehens des Betons bei Luftlagerung und des Quellens bei Feucht- und Wasserlagerung, wobei in beiden Fällen gerne die Vorstellung von einer Klemmwirkung oder von einem Anpressen des Betons an einbetoniertes Eisen mit verbunden wird, sei auch noch auf diejenigen Verhältnisse hingewiesen, welche bei Würfeln, die nachher zerdrückt werden, bei den verschiedenen Lagerungen in die Erscheinung treten.

Bekanntlich besteht für Beton der Satz zu Recht:[1] „Größere Dichte gibt höhere, geringere Dichte niedere Festigkeit." Denkt man nun wieder an das Zusammenziehen des Betons bei Lufterhärtung, so ist man versucht, damit die Vorstellung einer größeren Dichte zu verbinden. Diese größere Dichte würde aber nur dann möglich sein, wenn der Beton bei dem Erhärtungsvorgang sozusagen auf sich selbst einen ständigen Druck ausüben würde. Dann wäre auch im Vergleich mit wassergelagertem Beton eine höhere Druckfestigkeit bei luftgelagertem Beton zu erwarten. Es ist aber das Gegenteil der Fall. Das tatsächlich· beobachtete Quellen des Betons, seine Volumenvergrößerung bei Wasserlagerung hat nicht etwa, wie dies die Analogie mit obigem bedingen würde, eine Lockerung des Gefüges zur Folge, sondern vielmehr eine Erhöhung der Festigkeit.[2] Es dürfte also die Kombination der Volumenveränderungen des Betons mit etwaigen Erwartungen hinsichtlich der Festigkeit eine verfehlte sein, mit anderen Worten, es kann vermutet werden, daß diese Volumen- veränderungen spannungslos vor sich gehen, und daß damit auch die Vorstellung von einer Klemm- bezw. einer Quellwirkung auf das Eisen wenig haltbar erscheint. Dagegen deuten die berührten Verhältnisse darauf hin, daß die Einlagerung unter feuchtem Sand oder in Wasser lediglich der Entwicklung des Bindemittels förderlich ist, wodurch die größere Druck- (und Zug-) festigkeit hinreichend erklärlich erscheint.

Die vorhin erwähnte Spannungslosigkeit, mit welcher die Volumenveränderungen des Betons vermutlich vor sich gehen, kann natürlich nur dort vorhanden sein, wo sich diesen Formänderungen kein Widerstand, etwa in Form eines Eisens, entgegenstellt. Betrachtet man die Fig. 144 in Bach, Mitteilungen über Forschungsarbeiten Heft 72 bis 74, S. 100, so wird das einbetonierte Längseisen den Beton in der Querrichtung vermutlich wenig an einer Volumenveränderung hindern, dagegen haben die Messungen Bachs ergeben, daß sich das Eisen natürlich den Bewegungen des Betons in der Längsrichtung des Prismas (Achse) entgegenstemmt, und so die dort erwähnten Spannungen hervorruft. Damit soll darauf hingewiesen sein, daß die Vorstellung von dem Einschließen des Eisens durch den Beton dort eher am Platze wäre, wo der betreffenden Einschließbewegung des Betons das Eisen im Wege steht. Wie später S. 19 und 21 noch näher ausgeführt ist, muß aber durch Versuche auch noch die Frage gelöst werden, ob eine in frischem Beton gelassene Öffnung durch das Zusammenziehen des Betons nicht eher vergrößert als verkleinert wird, wobei das Größenverhältnis des Loches zum Betonquerschnitt und vor allem auch die örtliche Lage der Aussparung eine wesentliche Rolle spielen wird.

5. Die von Probst für die Aktiengesellschaft für Hoch- und Tiefbauten in Frankfurt a. M. durchgeführten und in „Arm. Beton" 1909, Heft 2, veröffentlichten Versuche zur Bestimmung der Haftfähigkeit enthalten u. a. eine Versuchsserie, welche

---

[1] Siehe z. B. Ansichtsäußerung des Direktors Hoch-Ehingen in „Mitteilungen über die Herstellung von Betonkörpern usw.", veröffentlicht von Bach 1903, S. 35.

[2] Nach Bach-Graf („Arm. Beton" 1910, Heft 7) erweisen sich auch die Zusammendrückungen bei den im Wasser gelagerten Körpern bedeutend kleiner als bei den in der Luft gelagerten.

im Rahmen dieser Abhandlung dadurch an Interesse gewinnt, daß bei ihr die Bildung des Bindemittels überhaupt vollständig ausgeschlossen war.

Es sind dies diejenigen Balken, bei welchen die im übrigen geraden Eiseneinlagen nach einer Anregung von Ramisch mit vorher naß gemachtem, dünnem Pauspapier umwickelt worden waren, so daß eine nahezu glatte Oberfläche entstand. Nach den Angaben von Probst zog sich beim Austrocknen das Pauspapier zusammen, so daß angenommen werden kann, daß es an den Eisen fest angelegen hat.[1]

Während nun bei den normalen Eisen mit Walzhaut die durch die Überwindung der Haftfestigkeit begrenzte Bruchlast 6646 bis 6844 kg betrug, war bei den umwickelten Eisen bereits bei 2025 und 2152 kg die Widerstandsfähigkeit erschöpft. Probst sagt selbst, daß diese Bruchlast niedriger gewesen sei als diejenige Belastung, unter welcher bei den andern Balken die ersten Risse aufgetreten sind. Nimmt man für den verwendeten Beton 1 : 4, Alter rund 6 Wochen, eine Naviersche Biegungsfestigkeit von nur 20 kg/cm² an (und diese dürfte sicher etwas höher angenommen werden), so würde sich für den nichtarmierten Beton bei dem angegebenen Belastungsschema eine Bruchlast von $2\,P = 2400$ ergeben. Die papierumwickelten Eisen ließen also nicht einmal die für nichtarmierten Beton einzuschätzende Bruchlast zu, so daß, wie Probst sagt, die Wirkung der umwickelten Eisen gleichbedeutend war mit der eines geschwächten Betonquerschnitts. Unter Zugrundelegung des Mittelwertes für die normalen Eisen mit Walzhaut (6745 kg) beträgt die Abnahme der Bruchlast rund 69 %.

Zunächst könnte man lediglich an den bekannten verringernden Einfluß der glatten Oberfläche denken.[2] Die Probstschen Versuche enhalten jedoch selbst zwei Serien, bei welchen die Eisenoberfläche in einem Fall mit Öl getränkt, im andern Falle ganz blank und glatt geschmirgelt war. Die erstgenannte Serie lieferte Bruchlasten von i. M. 6014 kg, die zweite solche von i. M. 6077 kg. Das sind Abnahmen gegenüber den normalen Eisen (6745 kg) von nur rund 11 und 10 %. (Nebenbei gesagt, unterscheiden sich die beiden Resultate sehr wenig voneinander.)

Andere Versuche, z. B. die von Bach in Heft 39 der „Mitteilungen über Forschungsarbeiten“ S. 35, ergaben zwar größere Differenzen zwischen den Bruchlasten aus normalen und abgeschmirgelten Eisen (34 und 43 %), es darf jedoch nicht übersehen werden, daß dieses Ergebnis u. a. mit dem Prozentualverhältnis des Eisenquerschnitts zum Betonquerschnitt zusammenhängt. (Siehe hierüber Bach, Mitteilungen über Forschungsarbeiten Heft 45 bis 47, S. 27, 28, 74, 89, 90, 144, die sehr interessante Zusammenstellung von Graf in „Beton und Eisen“ 1910, Heft 7, Abb. 15, ferner Probst, Ergänzungsheft I 1907, S. 58, 59, amerikanische Sonderprofile.) Der Querschnitt bei den hier betrachteten Probstschen Balken war 20/30 cm, die Bachschen Probekörper dagegen hatten 30/30 cm. Infolgedessen war die Beeinflussung des gezogenen Betons durch das eingebettete Eisen bei den schmäleren Probstschen Balken eine günstigere, der Beton konnte länger zur Zugleistung mit herangezogen werden. Der größere Bachsche Betonquerschnitt ertrug an sich schon (ohne Berücksichtigung des Eisens) eine größere Belastung, ehe seine Zugfestigkeit erschöpft war. Dann aber wurde infolge der großen Entfernung des Eisens von den Rändern der Beton vom Eisen wenig mehr beeinflußt und die Folge war eine rasche Übertragung des Zugs in das Eisen. Da letzteres infolge der glatten Oberfläche wenig Halt hatte, begann sehr bald das Gleiten. Bei den Probstschen Balken konnte der Beton auch nach den ersten Zugrissen vom Eisen besser beeinflußt werden, so daß die verhältnismäßige

---

[1] Eine rückwirkende Steifigkeit des Pauspapieres war also wohl nicht anzunehmen.

[2] Bach, Mitteilungen über Forschungsarbeiten Heft 22, S. 35; Heft 39, S. 35; Heft 45 bis 47, S. 44. Talbot, Bericht von Graf, Beton und Eisen 1908, Heft 10, S. 248. Foerster, „Arm. Beton“ 1909, Heft 10. Zusammenstellungen aus Bach Heft 72 bis 74.

höhere Lage der Bruchlasten für die glatten Eisen erklärlich erscheint. (Außerdem können natürlich noch gewisse Unterschiede in dem Grade der Glättung der Eisen[1]) bestanden haben, was ziemlich wahrscheinlich sein dürfte, denn Bach gibt Heft 39, S. 30, an, daß die Eisen „gezogen, sorgfältig geschlichtet und abgeschmirgelt" worden waren, während Probst nur von Abschmirgeln spricht.)

Wenn nun auch bei vielleicht weiter getriebener Glättung der Eisen ein etwas größerer Unterschied der abgeschmirgelten Eisen gegenüber den Eisen mit Walzhaut hätte erwartet werden dürfen, so würde doch die auch dann immer noch erhebliche Differenz der Ergebnisse mit abgeschmirgelten und papierumwickelten Eisen Anlaß geben, die Aufmerksamkeit auf die Tatsache zu lenken, daß bei den papierumwickelten Eisen die Möglichkeit der Bildung des Bindemittels überhaupt ausgeschlossen war.

Besteht tatsächlich eine Klemmwirkung, so hätte sie auch bei den papierumwickelten Eisen ihr Vorhandensein wenigstens dahin äußern müssen, daß die Bruchlasten nennenswert größer geworden wären als diejenigen nichtarmierten Betons. Der Unterschied in den Reibungskoeffizienten zwischen Beton und abgeschmirgeltem Eisen bezw. ölgetränkten Stangen und Beton und papierumwickelten Eisen ist mit ziemlicher Sicherheit nicht so erheblich, um den ganz auffallenden Unterschied in den Bruchlasten zu decken. Leider bestehen hierüber keine einschlägigen Versuche, aber es ist immerhin anzunehmen, daß bei der Papierumwicklung zwar eine glatte Oberfläche entstand, daß aber auch Abweichungen von der prismatischen Form hervorgerufen wurden, die in günstigem Sinne hätten wirken müssen. Trotz alledem bleiben die Bruchlasten unter aller Annahme.

Demgegenüber kann nur diejenige Erklärung ins Feld geführt werden, welche die völlige Verhinderung der Bildung des Bindemittels als (vermutlich einzige) Ursache betrachtet. Es dürfen die Ergebnisse dieser Probstschen Versuchsserie mit ein erheblicher Beweis dafür sein, daß die bis jetzt allgemein vorausgesetzte Klemmwirkung zum mindesten nicht in dem stillschweigend angenommenen Maße vorhanden ist.

6. Es dürfte, in Ergänzung der bisherigen Darlegungen, noch von Interesse sein, den Einfluß der Oberflächenbeschaffenheit zu beleuchten, wie er bei den verschiedenen Versuchen ermittelt worden ist.

Müller[2]) hat bei seinen reinen Haftversuchen die Eisenbleche ein erstes und ein zweites Mal verwendet und dabei gefunden, daß die Haftung bei den zum zweitenmal verwendeten Blechen sich ziemlich geringer erwies als bei den neuen. Mit Recht bemerkt Probst[3]) hierzu, daß durch die erste Verwendung „ein großer Teil der Unebenheiten der Blechfläche ausgeglichen wurde". Deutlicher gesagt, dürfte dabei die Walzhaut mit entfernt worden sein, so daß also Bleche mit und ohne Walzhaut zur Verwendung gelangten. Die Haftung sinkt bei Mörtel 1:3 von i. M. 13,84 bezw. 11,9 kg/cm² auf 7,06 kg/cm² für die nochmals verwendeten Bleche, bei der Mischung $1:3\frac{1}{2}:1 = 1:4\frac{1}{2}$ sind die entsprechenden Zahlen 9,2 und 7,2 kg/cm². Je auf die kleinere Zahl bezogen (wie dies z. B. Bach bei seinen Vergleichen in „Mitteilungen usw." Heft 45—47, S. 44 tut), ergeben sich für die erstmals verwendeten Bleche Zunahmen gegenüber den zum zweitenmal verwendeten von für Mörtel $1:3 = 96\%$ und $68,5\%$, für Mischung $1:4\frac{1}{2} = 28\%$, wobei das Alter von 28 Tagen mit zu berücksichtigen ist.

Bei den von Bach geprüften Balken[4]) betrug die Zunahme der Haftfestigkeit für Eisen mit Walzhaut gegenüber solchen mit bearbeiteter Oberfläche 51% von dem kleineren

<hr>

[1]) Vermutlich die erheblichere Ursache.

[2]) Müller, Neue Versuche mit Eisenbetonbalken usw. S. 70 ff.

[3]) Probst, Neue Versuchsmethoden — Neue Versuchsergebnisse „Arm. Beton" 1909, Heft 4, S. 182.

[4]) Bach, Mitteilungen über Forschungsarbeiten Heft 45 bis 47, S. 44.

Werte der bearbeiteten Eisen, wobei im Hinblick auf die vorstehenden Zahlen für reine Haftung zu beachten ist, daß sich erfahrungsgemäß um das einbetonierte Eisen immer eine feinere Mörtelschicht ansammelt, so daß im Rahmen dieser Erwägungen zum Vergleich eher die für Mörtel 1 : 3 angegebenen Prozentsätze (96 und 68,5) herangezogen werden sollten.

Aus weiteren Versuchen von Bach[1]) mit Balken, deren Einlage teils aus Eisen mit Walzhaut, teils aus solchen mit glatter Oberfläche bestand, ist anzuführen, daß dort die diesbezüglichen Unterschiede, immer je auf den kleineren Wert bezogen, 52 und 74 % betrugen. Die Probstschen Ergebnisse[2]) lieferten, wie schon S. 15 bemerkt, vermutlich infolge eines geringeren Grades von Oberflächenglättung, kleinere Werte, nämlich 11 und 10 %.

Betrachtet man dagegen den großen Unterschied[3]) in den Ergebnissen für reine Haftung, so ergibt sich, daß dieser Unterschied größer ist, als die Differenzen aus den entsprechenden Biegeversuchen, jedenfalls aber groß genug, um aus sich allein heraus, also ohne eine Klemmwirkung zur Hilfe nehmen zu müssen, die verschiedenen Ergebnisse der Biegeversuche zu decken. Dabei ist wohl zu beachten, daß die zum 2. Male verwendeten Bleche Müllers keine besondere glättende Bearbeitung erfahren hatten, sonst wären die Unterschiede vermutlich noch größer geworden.

Diese Vermutung wird auch schon dadurch bestätigt, daß z. B. bei direkten Trennungsversuchen[4]) die Zunahme der Haftfestigkeit 75 und 110 % betrug, bezogen auf den für geschlichtetes Eisen geltenden kleineren Wert. Bei den Biegeversuchen dürfte der mit der Durchbiegung ebenfalls zusammenhängende Umstand der Reibung eine unterstützende Wirkung ausüben, welcher in verhältnismäßig kleineren Differenzen, mit anderen Worten, in höheren Haftfestigkeitswerten für abgeschmirgeltes Eisen zum Ausdruck kommt. Denn bei solchen Eisen spielt natürlich die event. sperrkeilartige Wirkung der Sandkörner[5]) oder die bei der ersten Bewegung entstehende Aufrauhung der Oberfläche[6]) prozentual eine viel größere Rolle als bei den an sich schon nicht glatten normalen Eisen.

Ganz dieselben Verhältnisse lassen sich bei der Untersuchung der Zahlen für Eisen mit normaler Walzhautoberfläche im Vergleich mit solchen mit verrosteter Oberfläche nachweisen.

Balken Nr. 12 der Probstschen Versuche in „Das Zusammenwirken von Beton und Eisen" S. 13, 39 und 40, mit vorrosteter Eiseneinlage lieferte gegen den sonst gleichwertigen Balken Nr. 7 mit normaler Eiseneinlage (S. 15) ein Mehr von 6,3 %, die bereits früher erwähnten anderweitigen Versuche Probsts[7]) ergaben mit den verrosteten Eisen, Serie b, eine Bruchlast von i. M. 7596 kg, gegenüber den normalen Balken[8]) ein Plus von 12,5 %; Bachsche Versuche[9]) ergaben sogar eine Zunahme von 44 %.

Hierzu kommen die Bach-Grafschen Resultate[10]) mit normalen und rostigen Blechen in Betracht (siehe Zusammenstellung 4), bei welchen die Zunahme für rostige Bleche **42**, 56

---

[1]) Bach, Mitteilungen über Forschungsarbeiten Heft 39, S. 35.

[2]) „Arm. Beton" 1909, Heft 2.

[3]) Die Müllerschen Zahlen 13,84 und 7,06 (Mittelwerte) entstammen einer Serie, während der Wert 11,9 einer 2. Serie zugehört, welche ohne 2. Verwendung der Bleche durchgeführt wurde. Es ist also, streng genommen, nur 13,84 und 7,06 miteinander zu vergleichen, so daß der Unterschied von 96 % der maßgebendere ist.

[4]) Bach, Versuche über den Gleitwiderstand einbetonierten Eisens (Mitteilungen Heft 22, S. 35).

[5]) Preuß, „Arm. Beton" 1910, Heft 9, S. 343.

[6]) Bach, siehe Anmerkung 1, S. 37, VII.

[7]) Für die Aktienges. für Hoch- und Tiefbauten, Frankfurt a. M., „Arm. Beton" 1909, Heft 2.

[8]) Mit i. M. 6745 kg, siehe S. 15 oben.

[9]) Mitteilungen über Forschungsarbeiten Heft 72 bis 74, S. 72.

[10]) „Arm. Beton" 1910, Heft 7, S. 278: „Unterschied der Haftfestigkeit von Zementmörtel an glatten und an rostigen Blechen."

und 112 % betragen hat. Mit Rücksicht auf die Lagerung der vorerwähnten Balken kommt hier hauptsächlich der Wert von 42 % in Betracht, welcher einer Aufbewahrung unter feuchtem Sande entspricht.

Es ist somit auch hier wieder festzustellen, daß der bei Biegeversuchen mit allseitig einbetonierten Eisen festgestellte Unterschied in dem Verhalten rostiger und normaler Eisen mit Walzhaut allein schon durch den ebenfalls festgestellten Unterschied aus den entsprechenden Ergebnissen für die reine Haftung gedeckt wird. Es erscheint nicht nötig, etwaige Unterschiede in der Äußerung einer Klemmwirkung mit heranzuziehen.

7. Die von Bach in Heft 22 der „Mitteilungen über Forschungsarbeiten" (Versuche über den Gleitwiderstand einbetonierten Eisens) mitgeteilten Ergebnisse enthalten auch solche aus Versuchen mit Quadrat- und Flacheisen. Die Werte für diese Eisensorten liegen zum Teil erheblich über denjenigen für Rundeisen gleicher Querschnittsgröße. (Siehe Heft 22 Zusammenstellungen 39 bis 44, Fig. 36, S. 40 und Zusammenfassung S. 41 unter 5.)

Da bei sämtlichen Versuchen die maximalen Eisenbeanspruchungen zum Teil weit unterhalb der Streckgrenze liegen, so scheiden Erwägungen in dieser Richtung aus. Prüft man nun zunächst die Ergebnisse im Hinblick auf die jeweils einbetonierten Umfänge, so ergeben sich, unter Zugrundelegung der Zahlen für Rundeisen Φ 20 mm aus den Hauptversuchen, folgende Einblicke. Dabei ist aus den schon eingangs erwähnten Gründen der Lasteintragung in den Beton an der Einspannstelle des Eisens und aus den im 2. Kapitel näher erörterten Gründen davon Abstand genommen worden, die Haftfestigkeitszahlen aus $P : F$ zugrunde zu legen, sondern es sind die P max selbst in Betracht gezogen worden.

Eisenquerschnittsform:	Querschnitt F in cm²	Umfang U in cm	Verhältniszahlen der Umfänge
Rundeisen Φ 20 mm	3,14	6,28	1
Quadrateisen 20/20 mm . . .	4,0	8,0	1,275
Flacheisen 4/40 mm	1,6	8,8	1,4
Flacheisen 10/40 mm	4,0	10,0	1,59

Es ergibt sich aus der nächsten Zusammenstellung die Tatsache, daß die Höchstlasten der Profileisen erheblich über den aus den Umfangsverhältnissen abgeleiteten Erwartungen liegen.[1]

l mm	Rundeisen Φ 20 mm lieferte i. M. ein P_{max} in kg	Quadrateisen 20/20 mm lieferte		Flacheisen 4/40 mm lieferte		Flacheisen 10/40 mm lieferte	
		nach $U_1 : U_2$ = 1,275	in Wirklichkeit	nach $U_1 : U_2$ = 1,4	in Wirklichkeit	nach $U_1 : U_2$ = 1,59	in Wirklichkeit
150	1760	2240	3200	2465	3020	2800	3020
300	2890	3685	4800	—	—	4600	5650

Betrachtet man hierzu die Volumenverhältnisse der Profileisen im Vergleich zum Rundeisen, so dürfte schwerlich angenommen werden können, daß die Klemmwirkung bei

[1] Die in Mörsch, Der Eisenbetonbau usw. III. Aufl., S. 50, angeführten amerikanischen Versuche (Engineering News 1904, Nr. 10) stimmen hiermit ebenfalls überein, sobald man nicht ($P : F$), sondern richtiger nur P allein in Betracht zieht.

einem Quadrateisen 20/20 cm so erheblich größer sei als bei einem Rundeisen Φ 20 mm, daß daraus die Widerstandszunahme von 1760 auf 3200 bezw. von 2890 auf 4800 kg erklärt werden könnte. Denkt man dabei noch daran, daß der Rundeisenquerschnitt lediglich der einbeschriebene Kreis des Quadrateisenquerschnitts ist, so kann der angegebene Unterschied nicht wohl in einem solchen der Klemmwirkung allein gesucht werden. In diesem Sinne versperrt das Flacheisen 4/40 mit seinen nur 1,6 cm² Querschnitt viel weniger Platz im Betonquerschnitt, wenn auch die eine größere Seite von 4 cm in Betracht gezogen werden muß. Da aber bekanntlich jede Formänderungsarbeit ein Kleinstwert ist, so kann angenommen werden, daß sich die event. Klemmwirkung des Betons mehr auf die beiden Flachseiten konzentriert hat, welche Annahme durch die Gleichheit der P max für beide Flacheisensorten bei l = 150 mm eine Unterstützung erfährt (je 3020 kg). Siehe hierüber noch Anmerkung 2, S. 21.

Es scheint vielmehr eher die Vermutung an Boden zu gewinnen, welche die sehr erhebliche Vermehrung des Widerstands der Profileisen im Vergleich zum Rundeisen darin sucht, daß es dem Bindemittel möglich war, an den ebenen Flächen des Quadrat- und Flacheisens sich viel besser zu entwickeln, oder besseren Halt zu gewinnnen, als an der zylindrischen Form des Rundeisens.

Hierzu seien noch einige Beispiele angeführt.

Die Probstschen Versuchsserien in „Das Zusammenwirken von Beton und Eisen" enthalten u. a. 2 Versuche, Nr. 7 und 13 (S. 13, 31, 42); bei ersterem Balken ist ein Rundeisen Φ 20 mm (Fe = 3,14, U = 6,28), bei letzterem ein Quadrateisen 18/18 mm (Fe = 3,24, U = 7,2) einbetoniert gewesen. Die Querschnittsflächen sind hier fast dieselben, die Umfänge nur im Verhältnis 1 : 1,15 verschieden. Die Bruchlast des Balkens Nr. 7 (Rundeisen), begrenzt durch die Haftfestigkeit, wie bei fast allen Balken, betrug 2 P = 4000 kg. Für das Quadrateisen hätte demnach etwa 4600 kg erwartet werden können. Die Bruchlast betrug aber 5500 kg.[1] Dabei muß namentlich auf folgenden Umstand hingewiesen werden.

Die Klemmwirkung wird doch meistens als eine allseitige verstanden, d. h. man stellt sich vor, daß ein im Innern eines Betonklotzes einbetoniertes Eisen von allen Seiten her eingeklemmt wird. Diese Kraftwirkung kann denn als auf jedes Quadratzentimeter gleichgroß angenommen werden, wenn die Betondicke, vom Umfang des Eisens an gemessen, überall gleichgroß ist. Nun liegen bei Balken die Eisen unten in der Zugzone, und zwar verhältnismäßig nahe der Unterfläche. Es dürfte also von unten her, wo nur wenig Material ist, eine nennenswerte Äußerung der Klemmwirkung nicht zu erwarten sein. Damit verliert aber das Quadrateisen auf ¹/₄ seines Umfangs nahezu die ganze Klemmwirkung, das Rundeisen aber, welches nur mit einem einzigen Punkt seines Umfanges dieser Minderung unterliegt, verliert viel weniger. Es wäre also zum mindesten, wenn man von dem Vorhandensein einer Klemmwirkung ausgeht, kein Grund vorhanden, warum das Quadrateisen größere Werte als das Rundeisen liefern sollte.

Mit diesem Hinweis stimmt die von Bach (Mitteilungen über Forschungsarbeiten Heft 72 bis 74, S. 74) gemachte Beobachtung scheinbar überein, daß ein und dasselbe Flacheisen, das eine Mal hochkant, das andere Mal flach im Balken liegend, bei der Hochkantlage um 20 % höhere Werte ergab, denn, von der Klemmwirkung ausgehend, verlor das flachliegende Flacheisen auf der ganzen unteren Fläche den unterstützenden Klemmdruck. Das Resultat würde also auf das Vorhandensein eines solchen hinweisen. Von der reinen Haftung ausgehend, müßte aber die Leistung beider Flacheisen, abgesehen von dem etwas verschiedenen Abstand von der neutralen Achse, gleich sein, ja es müßte eher die

---

[1] Es soll nicht versäumt werden, anzuführen, daß im Hinblick auf die neuesten Versuche von Preuß („Arm. Beton" 1910, Heft 9), wonach die ersten Verschiebungen schon frühzeitig beginnen, die Reibungswiderstände der Bewegung bei den ebenflächigen Profilen vielleicht größer sind als bei den rundflächigen.

Bruchlast des mit dem Schwerpunkt tiefer liegenden flachliegenden Eisens größer sein. Wie aber Bach S. 78 des Näheren ausführt, war der unter dem Flacheisen liegende Beton, weil weniger zugänglich, weniger gut angestampft, und konnte sich somit auch das Bindemittel weniger gut ausbilden.

Schließlich sei im Rahmen dieses Abschnitts noch die Frage angeschnitten, ob für ein an der Peripherie eines Querschnitts einbetoniertes Eisen (wie bei allen Balken) überhaupt ein nennenswerter Klemmdruck erwartet werden kann. Denkt man sich den Querschnitt eines Eisenbetonbalkens, und denkt sich dazu die zusammenziehenden Bewegungen des Betons als nach dem Schwerpunkt zu wandernd, oder in der Richtung der Hauptachsen, so kann man sich auch vorstellen, daß das Eisen diese Bewegungen mitmacht, da ja seine Achse senkrecht zu den Bewegungsrichtungen liegt. Auch das im Schwerpunkt z. B. eines kreisförmigen Querschnitts liegende Eisen kann ohne Klemmdruck gedacht werden, wenn man annimmt, daß die konzentrisch um dasselbe vorhandene Betonwand sich in sich selbst zusammenzieht und dadurch die Peripheriepunkte des Eisenhohlraumes, welche diametral liegen, eher nach Beendigung der Erhärtung weiter voneinander entfernt liegen als vorher. Müller hat diese Verhältnisse ebenfalls berührt,[1] und ist es daher schade, daß Preuß bei seinen Versuchen mit den geschlitzten Rohren nicht festgestellt hat, ob das federnde Ende sich verengert hat oder den Durchmesser beibehielt.

Ferner sei noch auf einen alltäglichen Fall aus der Praxis des Maurerhandwerks hingewiesen. Wenn ein Geländerpfosten oder dergl. „eingegossen" wird, so sind dazu im Beton Löcher freigelassen worden oder es werden solche in den Stein eingehauen. In beiden Fällen hat der Beton oder der Stein fertig abgebunden, eine klemmende Beeinflussung dieser Körper auf den Pfosten ist ausgeschlossen. Das zur Aufnahme desselben bestimmte Loch ist meistens nicht viel größer als der Querschnitt des Pfostens, so daß von einem ähnlichen Massenverhältnis zwischen Eingußmörtel und Eisenquerschnitt, wie bei einem Eisenbetonbalken, nicht die Rede sein kann. Trotzdem ist eine ausgezeichnete Verbindung vorhanden. Abgesehen davon, daß der Mörtel oder der Zementbrei mit seinem geringen Volumen den Pfosten mit seinem verhältnismäßig großen Querschnitt nicht nennenswert festklemmen kann, müßte doch dadurch der Verband mit dem Lochinnern verloren gehen, wenn der Mörtel sich zwecks Festklemmens zusammenzieht.

Hierzu ist ein Versuch sehr lehrreich, den nach Müllers Mitteilung[2] Prof. Hotopp in Hannover ausführte: „Er brachte Zementmörtel in ein Eisenrohr, das an dem einen Ende durch eine lose anliegende Eisenblechplatte abgeschlossen war. Nach Erhärtung des Mörtels versuchte er nun, diesen hydraulisch aus dem Rohre herauszupressen oder das an dem Mörtel haftende Eisenblech durch das etwa durch die Poren dringende Wasser abzureißen. Es gelang mit der ihm zur Verfügung stehenden bedeutenden hydraulischen Kraft keines von beiden, was von einer sehr hohen Haftfestigkeit zeugte. Von einer ‚Haftfähigkeit' im Sinne Probsts konnte hier nicht die Rede sein, weil ja hier ein Schwinden des Betons höchstens lockernd gewirkt haben müßte."

Die beiden hier berührten Verhältnisse weisen vielmehr übereinstimmend auf die Tätigkeit der Haftung allein hin, ohne deren Wirksamkeit die benannten Erscheinungen wohl nicht denkbar wären.

Anmerkung 1. Hinsichtlich der Aktivität oder Passivität des angenommenen Klemmdrucks sei noch auf folgende Beobachtung hingewiesen. Wenn man einen festsitzenden, frisch einbetonierten Eisenstab durch Torsion loslöst, ihn sonst aber in seiner Lage beläßt, so könnte man, eine Aktivität des Klemmdrucks vorausgesetzt, erwarten, daß dieser nach gewisser Zeit den Stab wieder festgeklemmt hat, so daß zu seiner Drehung wiederum eine Kraft aufgewendet werden müßte. Das

---

[1] Müller, Neue Versuche usw. S. 71: „Außerdem ist es noch fraglich, ob das Zusammenschrumpfen des Betons beim Erhärten eine in ihm befindliche Öffnung verringert oder gerade vergrößert."

[2] Müller, Neue Versuche usw. S. 71.

ist aber nicht der Fall, der Stab bleibt lose, so daß auch dieser Umstand darauf hinweist, daß mit dem Überwinden der Haftung die Phase I und II erschöpft ist.

Anmerkung 2. Mit Bezugnahme auf die Schlußfolgerung oben, erscheint es nötig, noch einmal auf die Ergebnisse mit dem Flacheisen zurückzukommen. Da nach den Vermutungen des Verfassers die Klemmwirkung weniger in Frage kommt, sondern mehr die reine Haftung, so deutet die Gleichheit der Ergebnisse für Flacheisen 4/40 und 10/40 (S. 18) darauf hin, daß das Bindemittel sich an den größerflächigen Langseiten der Profile besser ausbilden kann, als an den kurzen Seiten.[1] Hiermit steht in Übereinstimmung die nach Mörsch, Der Eisenbetonbau III. Aufl., S. 50, bei amerikanischen Versuchen, Engineering News 1904, Nr. 10, gemachte Beobachtung, wonach sich die Leistungen der verschiedenen Profile gemäß den Angaben nachfolgender Tabelle ergeben haben.

Wie bereits S. 18 ausgeführt, sind auch hier die Gesamtzugkräfte in Rechnung gestellt und nicht die zu Täuschungen Anlaß gebenden Werte (P : F). Die einbetonierte Länge betrug überall 15 cm.

Eisensorte:	F cm²	U cm	τ_m nach Mörsch	$P_{max} = U \cdot l \cdot \tau_m$ kg
Quadrateisen 12,5 × 12,5 mm	1,56	5,0	30,2	2265
Rundeisen Φ 12,5 mm	1,23	3,93	35,8	2110
Quadrateisen 6,5 × 6,5 mm	0,423	2,6	25,8	1006
Flacheisen 6,5 × 25,4 mm.	1,65	6,38	20,5	1962

Zunächst sei hinsichtlich der Quadrateisen unter sich bemerkt, daß sich, vom größeren (12,5 mm) ausgehehnd, für das kleinere (6,5) aus dem Umfangsverhältnis etwa

$$P = 2265 \cdot \frac{2,6}{5,0} = 1178 \text{ kg}$$

hätte ergeben können. Die Differenz (1006 kg) kann wie schon bemerkt, dahin gedeutet werden, daß sich das Bindemittel an den größeren Flächen besser ausbilden kann. Ferner (siehe Fußbemerkung unten) scheinen beim Vorhandensein größerer und kleinerer Flächen in demselben Profil erstere insofern bevorzugt zu werden, als dort eine günstigere Entwicklung des Bindemittels denkbar ist. Im Vergleich mit dem Quadrateisen 6,5 . 6,5 mm hätte das Flacheisen 6,5 . 25,4 mm, dem Umfangsverhältnis nach etwa

$$P = 1006 \cdot \frac{6,38}{2,6} = 2469 \text{ kg}$$

ergeben können. Berücksichtigt man dagegen nur die Langseiten des Flacheisens mit zusammen $U = 5,08$ cm, so ergeben sich

$$P = 1006 \cdot \frac{5,08}{2,6} = 1965 \text{ kg,}$$

was in auffallender Übereinstimmung mit dem tätsächlichen Ergebnis steht. Diese Erörterungen wollen jedoch nur als zunächst unmaßgebliche Hinweise verstanden werden.

Versuchsvorschläge.

a) Es sollten zunächst die Preußschen Versuche („arm. Beton" 1909, Heft 9) insofern wiederholt werden, als bei den geschlitzten Rohren etwaige Änderungen des Innendurchmessers infolge des gedachten Klemmdrucks festzustellen wären.

b) Beobachtung der Veränderungen des Ausmaßes von im Beton gelassenen Hohlräumen, wie Löcher und dergl. Dabei sollten diese Hohlräume sowohl im Schwerpunkt (Mittelpunkt) des Querschnitts, als an dessen Peripherie angebracht sein Danach

---

[1] Vielmehr, daß die größeren Flächen bei Vorhandensein kleinerer bevorzugt werden, so lange diese „kleineren" Flächen etwa weniger als 10 mm Seite haben.

dürfte die Frage entschieden werden, ob der Beton beim Erhärten eine in ihm befindliche Öffnung vergrößert oder verkleinert, wie letzteres bis jetzt die allgemeine Annahme ist.

c) **Durchführung von Versuchen, bei welchen unter Ausschaltung der Möglichkeit der Bildung eines Bindemittels der event. Klemmdruck zur Darstellung gebracht werden kann.**

Hierzu wäre nötig, das einzubetonierende Eisen vorher mit bereits fertig abgebundenen Beton- oder Mörtelschalen zu umgeben, diese mit dünnem Draht provisorisch um das Eisen zusammenzubinden, und dann so das Ganze einzubetonieren. Der Klemmdruck müßte alsdann ein derartiges Anpressen der Schalen an das Eisen bewirken, daß eine nennenswerte „Haftfestigkeit" zustande käme.

Vielleicht gibt es ein Zusatzmittel zum Beton oder eine Art Firnis für die Eisenstangen, wodurch ebenfalls die Bildung des Bindemittels verhindert werden könnte, während osnst alles genau so wie normal ausgeführt werden könnte.

Schlußfolgerungen zum ersten Abschnitt.

Die bisherigen Erörterungen hatten den Zweck, die Aufmerksamkeit auf Verhältnisse hinzulenken, welche bisher mehr Gegenstand selbstverständlicher Annahme als einer kritischen Beleuchtung gewesen waren. Sichere Schlüsse lassen sich erst nach Betätigung der soeben skizzierten Versuche ziehen; im Rahmen der in den Punkten 1 bis 7 zur Sprache gebrachten Wahrnehmungen und im Hinblick auf die dabei berührten Hinweise möge jedoch die Vermutung ausgesprochen werden:

1. daß für die beiden ersten Phasen des von einem einbetonierten Eisen gegen Herausziehen geleisteten Gesamtwiderstandes (siehe hierüber S. 5) die Bedeutung der Klebewirkung des Bindemittels keine so untergeordnete sein dürfte, wie dies bis jetzt allgemein angenommen wurde, und

2. daß für die Anschauung, der Verbund zwischen Eisen und Beton sei nur ein mechanischer (Probst), durch Klemmwirkung bezw. Quellwirkung des Betons hervorgerufen, sichere Anhaltspunkte nicht nachgewiesen werden können — im Gegenteil, die Gesamtheit des hier angeführten Materials, namentlich die Versuche von Preuß („Arm. Beton" 1909, Heft 9), lassen mit ziemlicher Wahrscheinlichkeit die Annahme zu, daß die gedachte Klemmwirkung von geringerer Bedeutung ist, und sich die Summe aller Widerstände zum kleineren Teile auf die reine Haftung, zum größeren Teile auf den Reibungswiderstand der Bewegung, den Gleitwiderstand, verteilen, während die Klemmwirkung ohne nennenswerten Anteil zu bleiben scheint.

3. Im Hinblick auf diese Verhältnisse und auf die Erörterungen S. 5 dürfte, ehe irgend eine Verschiebung zwischen Eisen und Beton beginnt, der Schwerpunkt auf der reinen Haftung liegen (vorbehaltlich des Ergebnisses der oben vorgeschlagenen Versuche). Von den verschiedenartigen, bis jetzt bestehenden Bezeichnungen für den Verbund zwischen Eisen und Beton (siehe S. 5) erscheint somit die Beibehaltung des eingebürgerten Ausdrucks „Haftfestigkeit" zunächst insofern gerechtfertigt, als er quasi das Wort Haftung teilweise enthält, wenn auch von einer „Festigkeit" im Sinne von Druck- oder Zugfestigkeit nicht wohl gesprochen werden kann. Doch soll der Ausdruck Haftfestigkeit nur für den Endwert zunächst Geltung haben; für darunter liegende Laststadien, ohne Trennung von Beton und Eisen, möge die Bezeichnung Haftspannung zugelassen sein, wie auch beide Bezeichnungen im 2. Abschnitt weiter verwendet sind.

Sollten weitere Versuche ergeben, daß tatsächlich der Hauptanteil des gesamten geäußerten Widerstandes eines einbetonierten Eisens dem Gleitwiderstand zuzuschreiben ist (Preuß 1910), und damit also der Anteil der reinen Haftung zurücktritt, so wäre als Gesamtbezeichnung für die besprochenen Vorgänge der Ausdruck „Gleitwiderstand" (nach Bach) (und demgemäß Gleitspannung) passender, während für wissenschaftliche Betrachtungen die einzelnen Phasen (siehe S. 5) natürlich immer noch zu unterscheiden sind.

Über die wahre Größe des Verbundes zwischen Eisen und Beton.

Die vielfachen und zum Teil in großem Maßstab angelegten Versuche, welche zur Ermittelung zahlenmäßiger Werte für die Größe der Haftfestigkeit durchgeführt worden sind, haben u. a. in lückenloser Übereinstimmung ergeben, daß die rechnungsmäßige Größe von τ_1, d. h. daß diejenige Zahl, welche man z. B. bei direkten Trennungsversuchen durch Division der aufgewendeten maximalen Zug- oder Druckkraft mit der gesamten Haftfläche erhält, mit der Länge des einbetonierten Teiles des Eisenstabes abnimmt.[1]

Hierbei ist selbstverständliche Voraussetzung, daß die Streckgrenze des Eisens nicht erreicht worden ist, denn bei Eisenbeanspruchungen in dieser Höhe wird bekanntlich der Verbund zwischen Beton und Eisen durch die mit den größeren Dehnungen des Eisens verbundenen Bewegungen, ferner durch die Kontraktion, allmählich aufgehoben.[2]

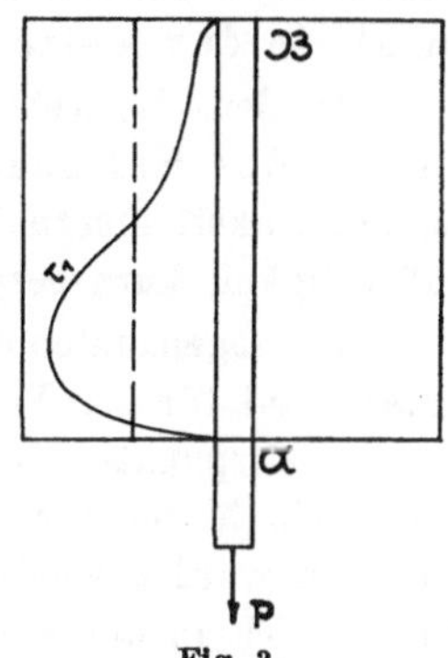

Fig. 3.

Die Erklärung für diese rechnungsmäßige Abnahme von τ_1 wird übereinstimmend in der Elastizität des Eisenstabes[3] gesucht: Bei direkten Trennungsversuchen z. B. „tritt die Kraft P (Fig. 3) bei A in voller Größe in den Beton ein" (Wortlaut nach Bach). „Nach B hin vermindert sich die Eisenzugkraft in dem Maße, in welchem sie von der Staboberfläche in den Beton übertragen wird." Bei A (oder besser in nächster Nähe von A) wird der Stab infolge der vollen Größe von P seine größte Dehnung erfahren; entsprechend der Abnahme der Eisenzugkraft auf der Strecke AB werden die Dehnungen und damit auch die Haftspannungen kleiner. „Von einer gleichmäßigen Verteilung der Kraft P über die Länge l wird deshalb um so weniger die Rede sein können, je größer l ist. Nur für kleine Werte von l wird mit Annäherung gleichmäßige Verteilung von P über l angenommen werden dürfen."

Auf Grund dieser Überlegung könnte man sich also die Verteilung der Haftspannungen etwa nach der in Fig. 3 skizzierten Kurve denken, welche in der Nähe der Lasteintragungs-

---

[1] Bach, Mitteilungen über Forschungsarbeiten Heft 22 (Gleitwiderstand), S. 14, 15, 18, 28, 30, 31, 32, 33, 34 bis 41; Heft 72 bis 74, S. 31, 32 Fußbemerkung; S. 97, 98. (Für den größten Abstand des Kraftangriffs vom Auflager ergab sich das kleinste τ_1; van Ornum, „Beton und Eisen" 1908, Heft 4, S. 102; Besprechung von Schönhöfer.) Foerster, Das Material und die stat. Berechnung der Eisenbetonbauten S. 62. Fußbemerkung: Angaben über Versuche der Dresdener Materialprüfungsanstalt.

[2] Siehe z. B. Mörsch, Der Eisenbetonbau usw. III. Aufl., S. 49.

[3] Bach, Mitteilungen über Forschungsarbeiten Heft 22 (Gleitwiderstand), S. 14, 15. Mörsch, Der Eisenbetonbau III. Aufl., S. 52.

stelle Maximum hat und nach B hin allmählich abnimmt. Die gestrichelte Parallele zur Stabachse stellt in ihrer constanten Ordinate die rechnungsmäßige Größe von τ_1 vor. (P : F.)

Zur besseren Unterscheidung seien im Rahmen dieser Abhandlung künftig alle aus P : F errechneten Werte der Haftfestigkeit mit τ_m (mittlere Haftfestigkeit) bezeichnet.

In den vorerwähnten Äußerungen Bachs und Mörschs ist bereits ein Gedanke enthalten, der weiterhin zum Gegenstand eingehender Ermittelungen gemacht werden soll. Es ist dies der Gedanke, daß

die jeweilige Größe der Haftspannung abhängt von der Änderung der Zug kraft im Eisen.

Wie Wienecke im I. Band des „Handbuches für Eisenbetonbau“, S. 143, noch deutlicher ausführt, wäre mit dem Gesetz der Änderung von Ze (Zugkraft im Eisen) das Gesetz der Verteilung der Haftspannungen über die Stablänge gegeben, indem die auf die eingebettete Längeneinheit wirkende Trennungskraft im Eisen an jeder Stelle bekannt wäre, nämlich gleich der Differenz der Eisenkräfte in den beiden, die Längeneinheit begrenzenden Querschnitten.

Nebenbei bemerkt, kann natürlich ein hierauf sich aufbauendes Verfahren nur so lange Gültigkeit haben, als noch keine Verschiebungen zwischen Eisen und Beton stattgefunden haben.

Aus der im vorstehenden und in Fig. 3 bereits skizzenhaft angegebenen ungleichen Kraftverteilung ist schon von Mörsch[1]) gefolgert worden, daß das bekannte Rechenverfahren (P : F) die Haftfestigkeit zu klein ergibt. Es darf mit Recht angenommen werden, daß die Beanspruchung des Verbundes in denjenigen Flächeneinheiten, welche der Lasteintragungsstelle am nächsten liegen, eine nennenswert höhere ist als in den weiter entfernt liegenden Flächenteilen.

In dem Bestreben, einen Versuch zur Ermittelung des Gesetzes der Verteilung der Haftspannungen über eine gewisse Stablänge zu machen, sei zunächst die Möglichkeit hierzu im Rahmen der bis jetzt vorliegenden experimentellen Versuche über Haftfestigkeit kurz besprochen.

Die sogenannten direkten Trennungsversuche[2]) erscheinen hierzu deshalb nicht geeignet, weil für den Vorgang des Überganges des Zugs oder Drucks in den Beton so ziemlich alle Anhaltspunkte fehlen. Direkte Trennungsversuche, bei welchen die Eisendehnungen — etwa dicht hinter der Lasteintragungsstelle, sowie an einigen dahinter liegenden Punkten — gemessen worden wären — sind bis jetzt nicht durchgeführt worden. Anders aber dürfte ein Einblick in die Änderung von Ze und damit in das Spannungsbild von τ_1 schwerlich zu gewinnen sein.

Günstiger erscheinen die Verhältnisse bei Biegeversuchen. Es ist dabei zunächst wenigstens das Gesetz der Änderung des Biegungsmomentes bekannt. Namentlich bei denjenigen Versuchsanordnungen, bei welchen 2 gleiche, parallele und konzentrierte Lasten in gleichem Abstand von der Mitte angreifen (Bach, Probst, Emperger, Kleinlogel, Berry, Harding), beschränkt sich die Änderung des Momentes — mit Einschluß des Einflusses des Eigengewichtes — auf einfachste Verhältnisse. Dürfte man dazu noch die in den „amtlichen Bestimmungen“ gemachte Voraussetzung einer konstanten Höhenlage der neutralen Achse als zutreffend annehmen, so wäre damit die Bestimmung von Ze für jeden beliebigen Querschnitt, somit auch die Änderungen von Ze für die Längeneinheit und

---

[1]) Mörsch, Der Eisenbetonbau III. Aufl., S. 52.

[2]) Bach, Mitteilungen über Forschungsarbeiten Heft 22. Mörsch, Der Eisenbetonbau III. Aufl., S. 48 ff. Van Ornum, Besprechung von Schönhöfer in „Beton und Eisen“ 1908, Heft 4. Berry, Besprechung von Probst in „Arm. Beton“ 1909, Heft 10. Bach und Graf, „Arm. Beton“ 1910, Heft 7.

schließlich die Ermittelung von τ_1 gegeben.   Auf den Strecken A B und C D (Fig. 4) wäre dann τ_1 konstant, auf der Mittelstrecke B C, wo Z e konstant vorausgesetzt wird, $= 0$.

Nun ist aber bekanntlich bei allen hierfür in Betracht kommenden Versuchen — mit einziger Ausnahme stehen die Ergebnisse von Müller[1]) da (welcher aber nicht etwa die Eisendehnungen gemessen hat, sondern aus der experimentell ermittelten Lage der neutralen Achsen mit dem üblichen Rechnungsverfahren der amtlichen Bestimmungen die σ_e berechnet, und diese dann natürlich, da sein x tiefer liegt, größer findet) — mit Übereinstimmung[2]) festgestellt worden, daß die nach den bestehenden amtlichen Bestimmungen berechneten Eisenzugsspannungen größer sind als diejenigen, welche mittels der Dehnungszahl des Eisens aus den Messungen der Längenänderungen bestimmt wurden.   Die Mitwirkung des Betons trägt dazu bei, daß das Eisen, namentlich in den unteren Belastungstadien, wesentlich entlastet wird.   Es ist also klar, daß die Rechnung nach den amtlichen Bestimmungen für die Ermittelung der tatsächlichen Größe von Z e nicht in Betracht kommen kann.

Bei den in der Anmerkung[3]) erwähnten Versuchen sind entweder die Eisendehnungen selbst oder die Längenänderungen des Betons in der äußersten Zugfaser gemessen worden (Feinmessungen).   Diese Messungen beziehen sich durchweg auf Meßlängen innerhalb des Lastangriffs der beiden konzentrierten Lasten, auf welcher Strecke die Querkraft — wenn man den allerdings unwesentlichen Einfluß des Eigengewichts vernachlässigt — $= 0$ ist.   Die Angaben der Dehnungsmesser stellen mittlere Werte dar, die von den in den einzelnen Querschnitten, namentlich nach dem Auftreten der

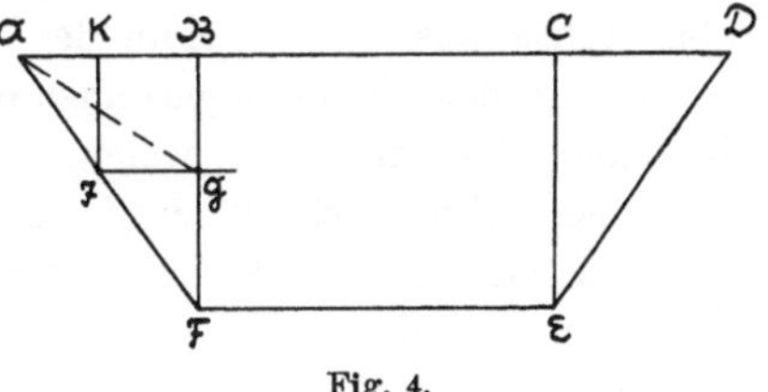

Fig. 4.

ersten Risse vorhandenen tatsächlichen, lokalen Dehnungen, um so mehr abweichen, je größer die Meßlänge ist.   Für diejenigen Belastungstadien jedoch, innerhalb deren nennenswerte Rißbildungen noch nicht auftreten, kann mit großer Annäherung angenommen werden, daß die mittleren Angaben der Dehnungsmesser auch für kleine Strecken als zuverlässig angenommen werden können.

Hinsichtlich der Verwertung von Ergebnissen aus Längenänderungsmessungen der äußersten Betonzugfaser für Zwecke der Bestimmung von Längenänderungen des Eisens sei folgendes bemerkt.

Bach hat bei der Balkenserie 36 in Heft 45 bis 47 der „Mitteilungen über Forschungsarbeiten", S. 90 ff., und zugehörigen Zusammenstellungen 34 und 35, die Längenänderungen der äußersten Betonzugfaser und diejenigen des Eisens zugleich gemessen.   Wie an der

---

[1]) Müller, Neue Versuche mit Eisenbetonbalken usw. S. 19 ff.   Für die Betondruckspannungen σ_b werden aus demselben Grunde kleinere Werte gefunden.   Hinsichtlich der Eisenzugspannungen ist bezeichnend, daß dann S. 49, wo die Eisendehnungen gemessen wurden, sich „außerordentlich geringe Spannungen" ergeben.

[2]) Siehe hierüber die zusammenfaßende Abhandlung von Graf in „Beton und Eisen" 1908, Heft 8, S. 191 bis 193.

[3]) Bach, Mitteilungen über Forschungsarbeiten Heft 39, 45 bis 47, 72 bis 74.   Emperger, Forscherarbeiten auf dem Gebiete des Eisenbetons Heft III und V.   Französische Regierungskommission, Expériences, Rapports etc.   Kleinlogel, Forscherarbeiten auf dem Gebiete des Eisenbetons Heft I.   Möller, Untersuchungen an Plattenträgern usw.   Mörsch (Wayß und Freytag Aktienges.), Der Eisenbetonbau III. Aufl., S. 102.   Probst, Mitteilungen aus dem Königl. Materialprüfungsamt Gr.-Lichterfelde West, I. Ergänzungsheft 1907.   Schüle, Mitteilungen der Eidgenöss. Materialprüfungsanstalt Zürich Heft 10 und 12.   Talbot, siehe Abhandlung von Graf in „Beton und Eisen" 1908, Heft 10.

angegebenen Stelle näher ausgeführt ist, haben sich die entspechenden Längenänderungen, bei Balken Nr. 98 z. B., für Belastungen bis hin zur ersten Rissebildung, verhalten wie 1,14 : 1. Aus dieser Proportion einerseits, und dem bekannten Höhenabstand der Meßstift-lagen andererseits, ergibt sich, unter der Annahme des Ebenbleibens der Querschnitte, der Abstand der neutralen Achse von Balkenunterkante zu 119 mm. Bach meint dann S. 91, daß diese Höhenlage „der tatsächlichen Lage der Nullinie in dem 203,6 mm hohen Balken mit ziemlicher Annäherung entsprechen dürfte". . Im Rahmen seiner zahlreichen diesbezüg-lichen Versuche ist mit dieser „tatsächlichen" Lage der Nullinie seitens Bach wohl diejenige gemeint, die man erhält, wenn man an den Endpunkten einer Vertikalen, deren Höhe gleich dem Abstand der äußersten gedrückten und der äußersten gezogenen Betonfaser bezw. der Eiseneinlage ist, 2 Lote errichtet, hierauf die entsprechenden Verkürzungen und Ver-längerungen aufträgt, und die so erhaltenen Punkte d u r c h e i n e G e r a d e verbindet. Deren Schnitt mit der Vertikalen ergibt die betreffende „tatsächliche" Lage der neutralen Achse. Natürlich ist damit nur eine Art von r e c h n u n g s m ä ß i g e r tatsächlicher Lage gemeint, indem das bekannte Rechenverfahren der ministeriellen Vorschriften[1]) ebenfalls auf solchen Annahmen (Ebenbleiben der Querschnitte) beruht. Nach der Auffassung des Verfassers sollte durch die Versuche Bachs die Berechtigung nachgeprüft werden, die rechnerische Lage der neu tralen Achse aus den Formeln der „Bestimmungen" und mit $n = 15$ als Grundlage für die Berechnung der Spannungen anzunehmen; es ist erkannt worden, daß diese rechnerische Lage eine Endlage[2]) ist, welcher sich die neutrale Faser (immer im angegebenen Sinne gesprochen) allmählich nähert,[3]) daß aber innerhalb der zulässigen Lasten diese Art von „Konstruktion" der neutralen Faser diese noch ziemlich unterhalb der rechnerischen End-lage gelegen ergibt.

Diejenigen Versuche aber, welche sich die Ermittlung der t a t s ä c h l i c h e n Lage der neutralen Achse mit Hilfe von Dehnungsmessungen in m e h r e r e n (Müller bis zu dreizehn) Höhenlagen zur Aufgabe gemacht hatten,[4]) sind natürlich zu anderen Ergebnissen gekommen. Es geht zunächst daraus hervor, daß es am zuverläßigsten ist, die Lage der neutralen Achse sozusagen von oben herab, d. h. vom Druckgurt her, zu bestimmen.[5]) Die örtlichen Lagen der Nullinie im Vergleich mit dem Ermittlungsverfahren oben könnte nur bei absolut gleichen Versuchskörpern und sonstigen gleichen Verhältnissen direkt miteinander in Verbindung gebracht werden; bei beiden Verfahren wurde jedoch festgestellt, daß die Nullinie anfangs tief liegt, mit steigender Belastung steigt und mit dem Auftreten der ersten Risse ziemlich stark nach oben rückt. Hinsichtlich der Entscheidung für die r e c h n e r i s c h e Seite dieser Verhältnisse mag darauf hingewiesen werden, daß sich kein Grund ergeben hat, unser amtliches Rechenverfahren einer Revision zu unterziehen; will man dagegen die tatsächlichen Lagen der Nullinie nach den Versuchen unter[4]) benützen, so müßte hierzu auch ein ganz anderes, jedenfalls weniger einfaches Rechenverfahren an-gewendet werden.

---

[1]) Erlaß des Königl. Preußischen Ministeriums der öffentlichen Arbeiten vom 24. Mai 1907, 5. Aufl. 1910.

[2]) Siehe hierüber Mörsch, Der Eisenbetonbau S. 103, III. Aufl.

[3]) Siehe hierüber die einschlägigen Arbeiten von Bach (Heft 39, 45 bis 47); Harding („Beton und Eisen" 1908, Heft 10); Mörsch, Der Eisenbetonbau III. Aufl., S. 101 ff.; Lufft (Vor-trag im „Deutschen Betonverein", Hauptversammlung 1908); Müller, Neue Versuche an Eisen-betonbalken usw.

[4]) Müller, Neue Versuche mit Eisenbetonbalken usw. S. 11 ff. Probst, Mitteilungen aus dem Königl. Materialprüfungsamt Gr.-Lichterfelde West, I. Ergänzungsheft 1907. Schüle, Mit-teilungen der Eidgenöss. Materialprüfungsanstalt Zürich Heft 10, 1906.

[5]) Siehe die Bemerkung Probst in „Mitteilungen usw.", I. Ergänzungsheft 1907, S. 71, 5a.

Zurückkommend auf die Erörterungen S. 26 sei bemerkt, daß bei den dort in Frage stehenden Balken (Bach, Heft 45 bis 47, Serie 36) die Ermittlung der Lage der neutralen Achse durch geradlinige Verbindung von $\varDelta l_u$ und $\varDelta l_o$ nicht erfolgt ist. Dagegen kann ein Vergleich gezogen werden mit Ergebnissen der vorangehenden Balkenserie (Balken Nr. 54 nach Bauart Fig. 82, Bach, Heft 45 bis 47, S. 88). Bei diesen Balken bestand zwischen Eisen und Beton nahezu dasselbe prozentuale Verhältnis, wie bei Balken Nr. 98 der S. 25 erwähnten Serie (Nr. 54 = 1,23 $^0/_0$, Nr. 98 = 1,32 $^0/_0$). Nach dem Auftreten der ersten Risse betrug der Abstand der „rechnungsmäßigen" Lage der neutralen Achse von Unterkante Balken bei Balken Nr. 54 (P = 5750 kg, Fig. 203, S. 88) 16,1 cm. Es hätten also bei dem nur rund 200 mm hohen Balken Nr. 98 etwa

$$16,1 \cdot \frac{203,6}{307,2} = 10,7 \text{ cm (gegen 119)}$$

erwartet werden dürfen. Es erscheint jedoch nicht empfehlenswert, sich auf diese ungefähre Übereinstimmung dann zu stützen, wenn aus tatsächlich gemessenen Betondehnungen der äußersten Zugfaser auf die nicht gemessenen Eisendehnungen ein Rückschluß gemacht werden soll. Zuverlässiger erscheint dagegen die Feststellung, daß sich die beiden bei Balken Nr. 98 gemessenen Dehnungen bis etwa zum Eintritt der ersten Risse verhalten wie die Abstände der betreffenden Fasern von der mit n = 15 aus der bekannten Formel 2 der „amtl. Bestimmungen"

$$x = \frac{n F e}{b} \left[\sqrt{1 + \frac{2 b (h - a)}{n F e}} - 1 \right]$$

errechneten Endlage der neutralen Achse.

Unter Zugrundelegung der wirklichen Abmessungen des Balkens findet sich

$$x = \frac{15 \cdot 4,05}{15,04} \left[\sqrt{1 + \frac{2 \cdot 15,04 \cdot 19,25}{15 \cdot 4,05}} - 1 \right] = 9,07 \text{ cm,}$$

somit der Abstand der neutralen Achse von der Unterkante des Balkens zu

$$h - X = 203,6 - 90,7 = 112,9 = \sim 113 \text{ mm.}$$

Die Rechnung S. 26 aus der Proportion hatte 119 mm ergeben, so daß es also angängig erscheint, bei solchen Balken, bei denen die Eisendehnungen nicht direkt gemessen wurden, aus den gemessenen Dehnungen der äußersten Beton-Zugfaser die Eisendehnungen — wenigstens bis zum Eintritt der ersten Risse — mit Hilfe der rechnungsmäßigen Endlage der neutralen Achse durch einfache Proportion zu bestimmen. Der Fehler, der damit gemacht wird, dürfte im Rahmen der überhaupt zu erwartenden Genauigkeit kein nennenswerter sein. Jedenfalls kommt diese Methode näher an die Wirklichkeit heran, als wenn man einfach die Dehnungen der äußersten Betonzugfaser als solche der Eiseneinlagen betrachtet.[1]

„Nach eingetretener Rißbildung nähert sich die gemessene Verlängerung des Eisens[2] trotz des Unterschiedes der Abstände von der Nullachse derjenigen des Betons mehr und mehr und überschreitet sie gegen den Schluß um geringe Beträge, deren Größe übrigens als innerhalb der durch Beobachtungsunvollkommenheiten gelegene Genauigkeitsgrenze liegend angesehen werden muß" (Bach, Heft 45 bis 47, S. 91).

---

[1] Siehe z. B. die Abhandlung von Graf „Beton und Eisen" 1908, Heft 8, S. 192, wo dieser Ausweg auch nur als ein Notbehelf angegeben wird, der die $\varDelta l_e$ zu groß ergibt.

[2] In Bach, Heft 45 bis 47, S. 91, ist dort jedefnfalls inolge eines Druckfehlers „Beton" mit „Eisen" verwechselt.

Berechnet man aus den Dehnungsmessungen an Balken Nr. 98 das gegenseitige Verhältnis der Längenänderungen, so ergibt sich:

P kg	$\Delta l_e : \Delta l b$	Bemerkungen.
500	0,88	
1000	0,945	
1500	0,95	
2000	0,88	
2500	0,855	
3000	0,88	
3100	0,899	Erste Risse.
3250	0,916	
3400	0,95	
3500	0,95	
4000	0,994	
4500	1,013	
5000	1,013	$P\,max = 6590$ kg.

Die Verwertung dieser Verhältniszahlen ist gemäß den einzelnen maßgebenden Umständen bei den für die $\tau_1 =$ Linien in Betracht gezogenen Balken in entsprechende Berücksichtigung gezogen worden.

Ermittelung der Eisenzugkraft Z e für die Querschnitte zwischen Auflager und Lastangriff bei 2 konzentrierten, parallelen Lasten.

Wie S. 24 ausgeführt worden ist, soll der Gedanke:

> Daß die jeweilige Größe der Haftspannung abhängt von der Änderung der Zugkraft im Eisen,

einer näheren Betrachtung unterzogen werden.

Ehe Risse auftreten, wird von irgend einem nennenswerten Unterschied der Eisenzugspannungen auf der Strecke B C (Fig. 4) nicht die Rede sein können. Nach dem Auftreten solcher müssen · die Eisenbeanspruchungen in und in der Nähe der Rißquerschnitte größer angenommen werden als in den übrigen dazwischen liegenden Querschnitten.[1] Jedoch dürften die Unterschiede, ehe die Risse nicht schon eine größere Vertikalausdehnung gewonnen haben, noch verhältnismäßig klein bleiben. Andere Verhältnisse liegen dagegen auf den Strecken A B und C D vor. Dort ändert sich Z e von B nach A um einen erheblichen Betrag bis herab auf 0. Leider sind aber bis jetzt bei keinen Versuchen dieser Art Längenänderungsmessungen auf diesen Strecken A B oder C D vorgenommen worden. Für die Zwecke dieser Abhandlung hätten ja auch an verschiedenen Stellen zugleich solche Messungen vorgenommen werden müssen, um die Änderung von Z e zu ermitteln. Die Durchführung solcher Versuche wäre allerdings mit erheblichen Schwierigkeiten verknüpft.

An Stelle von derartigen Untersuchungen sei nun im folgenden kurz ein Näherungsverfahren beschrieben, das bei den später in den Rahmen der Betrachtung gezogenen Balken angewendet worden ist.

---

[1] Siehe z. B. Mörsch, Der Eisenbetonbau III. Aufl., S. 111 oben.

Die Momentenlinie für Balken mit 2 parallelen konzentrierten Lasten in gleichem Abstand von der Mitte ist bekannt und in Fig. 4 als Linienzug A F E D A wiedergegeben. Für irgend ein konstantes Moment B F auf der Strecke B C — vom Eigengewicht sei zunächst abgesehen — ändert sich das Moment für die Strecke B A nach der Linie F A in ihrem Verhältnis zu B A. Auf der Balkenstrecke B A sind also abnehmend kleinere Momentenwerte vorhanden. Nimmt man B F als das Maximalmoment an, so durchläuft das Moment für die Balkenstrecke B C alle Größen von 0 bis B F. In irgend einem dazwischen liegenden Belastungsstadium sei das Moment $= $ B G. Infolge der gesetzmäßigen Änderung des Momentes auf der Strecke B A ist alsdann G A die Momentenlinie für die Strecke B A usw. Beim Anwachsen des Momentes von B G auf B F kommt aber die Momentengröße B G auf der Balkenstrecke B A wieder zum Vorschein, und zwar in demjenigen Querschnitt K, welcher dem Schnitt J der Horizontalen durch G mit F A entspricht.

Da nun meistens auf einer innerhalb B C gelegenen Meßstrecke die Längenänderungen gemessen werden, das Moment, und somit (unterhalb der Rißbildung) auch die Eisendehnungen aber für die ganze Strecke B C gleich sind, so können die gemessenen Längenänderungen — zunächst theoretisch wenigstens und also ohne Rücksichtnahme auf den Einfluß der konzentrierten Lasteintragung — auch noch für das Eisen des Querschnitts B als gültig angenommen werden.

Die hauptsächlichste Voraussetzung bei dem nachstehend angewendeten Näherungsverfahren ist nun die, daß sich die Eisendehnungen oder die Eisenzugkräfte auf der Strecke B A in demselben Verhältnis ändern, wie sich die Momente ändern, und damit

daß es zulässig sei, eine für irgend ein Moment (B G) auf der Strecke B C gemessene Längenänderung auf denjenigen Querschnitt (K) der Strecke B A zu übertragen, welcher später gemäß der Momentenlinie dasselbe Moment aufzuweisen hat,

mit anderen Worten: Ist in einem Querschnitt K der Strecke B A das Moment K J eingetreten, so wird für diesen Querschnitt und für das Moment K J diejenige Längenänderung des Eisens als vorhanden angenommen, welche für dieselbe Momentengröße K J $=$ B G auf der Strecke B C gemessen worden ist.

Die verschiedenen Einzelheiten werden am besten ausführlich an einem der Beispiele auseinandergesetzt. Vorher jedoch erscheint es nötig, noch einige allgemeinere Bemerkungen zu machen.

1. Die Längenmaßstäbe der Zeichnungen sind 1 : 2, diejenigen der Momente 1 mm $=$ 1000 cm/kg. Bei sämtlichen Momenten ist die Größe des Eigengewichtes mit berücksichtigt. Um nun die Momentenlinie auch gleich für gewisse Vergleichszwecke mit benutzen zu können, ist der Maßstab für die aus

$$Z_e = F_e \cdot \sigma_e = F_e \cdot (\varepsilon \cdot E_e) = F_e \cdot \frac{\varDelta\, l}{l} \cdot E_e$$

ermittelten Eisenzugkräfte Z_e so gewählt worden, daß die Momentenordinaten auch zugleich solche sind, welche dem rechnungsmäßigen Z_e aus

$$Z_e = \frac{M}{(h - a - x/3)}$$

entsprechen. Bei jedem Balken ist also, da die Größe $(h - a - x/3)$ immer etwas wechselt, der Maßstab für Z_e verschieden, wenn auch nur wenig. Da nun andererseits in den verschiedenen Querschnitten die unter den bekanntgegebenen Voraussetzungen angenommenen tatsächlichen Z_e, aus den Längenänderungsmessungen, aufgetragen sind, so ergibt sich ein anschauliches Bild von dem Unterschied zwischen dem rechnungsmäßigen und tatsächlichen Z_e in jedem Querschnitt. Die so entstandenen Linienzüge entsprechen ohne weiteres, namentlich auch hinsichtlich des Ortes ihrer Richtungsänderungen und der Art ihrer Krümmung, dem hierüber bis jetzt bekannten Versuchsmaterial.[1])

2. Der Maßstab für die Größe der Haftfestigkeit, τ_1, ist 1 mm = 0,6 kg/cm² gewählt worden. Zunächst ist hierzu zu bemerken, daß um möglichst annähernd die jeweilige Größe von τ_1 zu erhalten, die Strecke BA, auf welcher die Hauptänderungen von Ze gelegen sind, in 50 gleiche Teile = je 1 cm Länge eingeteilt wurde. Die aus den Zeichnungen ermittelten Differenzen von Ze ergaben sich natürlich vorerst im betreffenden, für Ze gültigen Maßstab (kg). Die für 1 cm Länge sich ergebende Kilogrammzahl wurde durch den Eisenumfang dividiert und dann noch mit dem τ_1-Maßstab reduziert, so daß man die sich so ergebenden Millimeter direkt für die τ_1-Kurve auftragen konnte.

Zum Beispiel: Wenn bei einem Balken der Ze-Maßstab 1 mm = 40,6 kg betrug, und der Eisenumfang u = 8,39 cm, der τ_1-Maßstab 1 mm = 0,6 kg/cm², und wenn man die aus der Zeichnung abgegriffene Millimeter-Differenz einfach mit $\varDelta$ bezeichnet, so ergab sich zum Auftragen für τ_1, der Wert

$$\text{Anzahl Millimeter} = \frac{\varDelta \cdot 40{,}6}{1 \cdot 8{,}39 \cdot 0{,}6} = \varDelta \cdot 8.$$

Der auf 8 eingestellte Rechenschieber lieferte dann sofort für alle Querschnitte die in Millimeter fertige Ordinate für die τ_1-Kurve. Die Weglassung des Divisors 0,6 hätte die kg/cm² direkt ergeben; der seitlich angebrachte Maßstab gibt sofort die nötige Orientierung.

Bemerkt sei noch, daß, wo nicht eine besondere Genauigkeit erforderlich schien, die meisten Zahlenwerte mit dem Rechenschieber ermittelt worden sind.

3. Bei sämtlichen Balken ist dasjenige Belastungsstadium als Ausgangspunkt der Betrachtungen gewählt worden, bei welchem an den Balkenstirnen noch keinerlei Verschiebung zwischen Eisen und Beton festgestellt werden konnte.

Es ist damit zunächst zum Ausdruck gebracht worden, daß Verfasser der Ansicht ist, daß die neueren Preußschen Versuche („Arm. Beton" 1910, Heft 9), wonach eine Verschiebung zwischen Eisen und Beton schon in verhältnismäßig niederen Laststadien zu beobachten war, zuerst noch weiterer Nachprüfungen bedürfen, da namentlich die Angaben des Spiegels 2 Anlaß zu Zweifeln geben können, und die bereits S. 4 ff. erwähnten Erörterungen ebenfalls in Betracht kommen dürften.[2])

4. Es sind nur solche Balken in den Kreis dieser Betrachtungen gezogen worden, welche je eine einzige Eiseneinlage als gerade Stange, ohne Endhaken enthielten, da die in Betracht kommenden Verhältnisse so am besten untersucht werden konnten. Auch die Anordnung von Bügeln war nicht wünschenswert, da diese zwar einen günstigen,[3]) aber für die thoretische Betrachtung immerhin störenden Einfluß ausüben.

Beschreibung des näheren Vorgehens an Balken Nr. 13, (Tafel I) aus Bach, Mitteilungen über Forschungsarbeiten auf dem Gebiete des Ingenieurwesens Heft 39; Versuche mit Eisenbetonbalken. I. Teil. Balken Nr. 13, Bauart nach Fig. 4, S. 2, dazu Zusammenstellung 6 sowie Figuren 58 und 59.

Es wurde zunächst dieser Balken herausgegriffen, weil er einer Serie angehört, die u. a. Gelegenheit bietet, auch den Einfluß der Güte und der Zugfestigkeit des Betons auf den Verbund zwischen Eisen und Beton zu beleuchten: Format, Eiseneinlage, Alter, Aufbewahrung und Belastungsschema bei dieser Bachschen Serie sind genau dieselben wie bei

---

[1]) Siehe z. B. die Abbildungen 95 bis 97 in Mörsch, Der Eisenbetonbau III. Aufl., S. 110.

[2]) Die dem Verfasser erst mit Heft 12 dieses Jahrganges „Beton und Eisen" zur Kenntnis gekommenen Versuchsergebnisse der franz. Regierungskommission scheinen allerdings die Preußschen Resultate einigermaßen zu bestätigen. (Siehe dort Artikel von Graf.)

[3]) Bach, Mitteilungen über Forschungsarbeiten Heft 45 bis 47, S. 130, 146, 149.

Serie E der vom Verfasser im Jahre 1903 durchgeführten umfangreichen Balkenversuche zur Klärung der Frage über die Dehnungsfähigkeit armierten Betons.[1])

Die Eisendehnungen selbst sind bei Balken Nr. 13 nicht gemessen worden. Nach den Ausführungen S. 25 bis 27 können jedoch auch die Längenänderungen der äußersten Betonzugfaser entsprechend verwertet werden. Der Abstand der neutralen Achse vom oberen Balkenrand beträgt nach Gl. 2 der ministeriellen Bestimmungen

$$x = \frac{15 \cdot 3{,}84}{14{,}85} \left[\sqrt{1 + \frac{2 \cdot 14{,}85 \cdot 27{,}71}{15 \cdot 3{,}84}} - 1 \right] = 11{,}29 \text{ cm.}$$

Es verhalten sich somit nach den gemachten Voraussetzungen die beiden Längenänderungen $\varDelta l_e$ und $\varDelta l_b$ (Eisen und Beton) wie

$$\varDelta l_e : \varDelta l_b = (27{,}71 - 11{,}29) : (30{,}47 - 11{,}29)$$
$$= 16{,}42 : 19{,}18$$
$$\underline{\varDelta l_e = 0{,}856 \cdot \varDelta l_b.}$$

Mit Hilfe des Koeffizienten 0,856 sind nun aus den tatsächlich gemessenen Betondehnungen die Eisenverlängerungen bis zu demjenigen Belastungsstadium hin ermittelt worden, bei welchem der erste Riß festgestellt wurde. Laut Zusammenstellung 6 Heft 39 war dies bei P = 3250 kg, also einem $M_{p+g} = 85160$ cm/kg der Fall. Die letzte Ruhelage des Eisens ist bei P = 5000 kg vorhanden gewesen. Nach Überschreitung von P = 3250 kg sind die $\varDelta l_b$ nacheinander mit 0,9, 0,95 und 1,0 multipliziert worden, indem angenommen wurde, damit nach den Ermittlungen S. 28 etwa das Richtige zu treffen.

Aus den so erhaltenen Verlängerungen $\varDelta l_e$ des Eisens wurde zunächst die jeweilige Eisenzugkraft Z_e bestimmt. Unter Zugrundelegung eines Elastizitätsmoduls des Eisens von $E_e = 2100000$ ergibt sich in diesem Falle bei einer Meßlänge von $l = 70{,}0$ cm, $F_e = 3{,}84$ cm², sowie unter Berücksichtigung, daß die angegebenen $\varDelta l_b$ $^1/_{200}$ cm sind,

$$Z_e = F_e \cdot \sigma_e = F_e \cdot \frac{\varDelta l}{l} \cdot E_e$$
$$= 3{,}84 \cdot \frac{\varDelta l}{200 \cdot 70} \cdot 2100000 = 576 \, \varDelta l_e.$$

Nach den S. 29 gemachten Voraussetzungen sind nun alle die so ermittelten Z_e in denjenigen Querschnitten als Ordinaten aufgetragen worden, in welchen eben dasselbe Moment vorhanden war, unter welchem die zugehörige Längenänderung auf der Meßstrecke ermittelt wurde. Zum Beispiel wurde für P = 2500 kg eine Betondehnung von $^{1{,}48}/_{200}$ cm festgestellt; dieser entspricht ein $Z_e = 732$ kg, im Maßstab der Zeichnung = 17,5 mm. Für den zugrunde gelegten Belastungszustand (P = 5000 kg) des Balkens ist das, einem P = 2500 kg entsprechende Biegungsmoment (einschließlich Eigengewicht) im Querschnitt C vorhanden, der aus E über D erhalten wird. In C ist die Ordinate C m = 17,5 mm aufgetragen worden. (Siehe hinten Balken Nr. 13, Tafel I.)

Auf diese Weise ist der voll ausgezogene Linienzug die „Linie der Z_e" entstanden. Daß sie im unteren Teil nicht durch den Punkt G hindurch geht, welcher Punkt G eigentlich die Ordinate für P = 5000 ($Z_e = 4630$ kg = 111 mm) ist, soll nachher erörtert werden.

Bezeichnenderweise biegt die Z_e-Linie dort erstmals deutlich erkennbar von ihrer ersten Richtung ab, wo (Punkt m) der erste Wasserfleck, als Vorläufer des ersten Risses

---

[1]) Kleinlogel, Untersuchungen über die Dehnungsfähigkeit nichtarmierten und armierten Betons bei Biegungsbeanspruchung. Forscherarbeiten aus dem Gebiete des Eisenbetons Heft I, 1904; siehe auch später S. 48.

und als Zeichen der beginnenden Lockerung des Gefüges, am Balken festgestellt wurde. Der erste Riß (Punkt i) liegt schon im Gebiete der stärksten Krümmung. Nachher nimmt die Z_e-Linie wieder eine 2. bestimmte Richtung größerer Neigung an, was mit den Feststellungen von Bach, Mörsch und Probst in Übereinstimmung steht.[1]) Zum Vergleich ist über der ausgezogenen Z_e-Linie eine solche in ————— · · ————— · · ————— bis zum Punkte F beigefügt, welche durch diejenige Ordinatenpunkte hindurchgeht, welche unter Zugrundelegung von nur $\Delta l_e = 0,856\, \Delta l_b$, ohne Steigerung des Koeffizienten nach dem Eintritt der Rißbildung erhalten worden sind. Das wenig wahrscheinliche dieser ————— · · ————— Linie, abgesehen von den Hinweisen der vorerwähnten Bachschen Ergebnisse, geht schon aus dem Knick nach oben hervor, den die Kurve bei Punkt i erleiden würde. Die weitere Unwahrscheinlichkeit ist in den nachfolgend erörterten Umständen begründet.

Anmerkung: Nach der tabellarischen Zusammenstellung S. 34 ist das für $P = 5000$ kg in Betracht kommende maximale Biegungsmoment einschließlich des 3910 cm/kg für den Querschnitt B betragenden Anteils des Eisengewichts $M_{g+p} = 128910$ cm/kg. Da $x = 11,29$ cm, $a = 2,76$ cm, $h = 30,47$ cm, so ist

$$h - a - x/3 = 30,47 - 2,76 - 3,76 = 23,95 \text{ cm},$$

somit
$$Z_e = \frac{128910}{23,95} = 5360 \text{ kg}.$$

Da die Momentenlinie zugleich auch die Linie der rechnungsmäßigen Z_e, hier $Z_e{}'$ genannt, darstellen soll und das Maximalmoment von 128910 cm/kg mit 128,91 mm dargestellt ist, so müssen auch sein

$$128,91 \text{ mm} = 5360 \text{ kg}$$

d. h. $1 \text{ mm} = 41,8 \text{ kg}$,

was also für Balken Nr. 13 der Maßstab für $Z_e{}'$, d. h. für die rechnungsmäßigen Eisenzugkräfte ist. —

Nun ist der voll ausgezogene Linienzug bis zum Punkt 0 hin auf die vorbeschriebene Weise ermittelt worden. Der nächste Punkt wäre der im Querschnitt B gelegene Punkt G gewesen, zu dem in der Zeichnung jedoch nur eine punktierte Linie führt.

Diese punktierte Linie wäre, zusammen mit dem übrigen, voll ausgezogenen Teil die Linie der durch Messung ermittelten tatsächlichen Zugkräfte des Eisens, wenn nicht auch noch die lokale Rißbildung in Betracht käme.

Hierzu ist es nötig, das Schaubild des Balkens Nr. 13 in Bach, Heft 39, Fig. 58 und 59, S. 38 und 39, zu betrachten.

Die ersten Risse sind in der Zusammenstellung 6 (Bach) bei $P = 3250$ kg angegeben. Erstmals deutlich in die Erscheinung traten sie offenbar erst bei $P = 3500$, da die ersten Zahlen der Ansichtsfläche, Fig. 59, damit beginnen. Beide Rißstellen, deren Risse mit „3500" beginnen, liegen außerhalb der Meßstrecke von 70 cm. Der Bruchriß, angeschrieben mit 5650, ist offenbar erst bei dieser Lastgröße in seiner ganzen Vertikalausdehnung in die Erscheinung getreten, womit gewissermaßen die Plötzlichkeit des Aufhörens des Verbundes am besten dargetan wird. Eine Art Vorläufer von diesem Bruchriß, jedoch völlig unabhängig von ihm, ist der mit „5500" bezeichnete Riß, ebenfalls auf dem rechten Teile des Schaubildes. Beide Risse waren aber bei dem hier betrachteten Belastungsstadium $P = 5000$ kg noch nicht vorhanden. Wenn man die auf dem Bilde rechte Balkenhälfte, auf welcher nachher der Bruch erfolgte, ins Auge faßt, so kann für den gegebenen Rahmen der Betrachtung nur der mit „3500, 4000, 4500, 5000" bezeichnete Riß dicht links der Lasteintragungsvertikalen in Frage kommen. So gut dies aus der zur Verfügung stehenden Fig. 59 zu entnehmen

---

[1]) Bach, Mitteilungen über Forschungsarbeiten Heft 45 bis 47, S. 97 und a. a. O. Mörsch, Der Eisenbetonbau III. Aufl., S. 110 ff. Probst, Ergänzungsheft I 1907, S. 50, Fig. 15.

war, liegt der untere Rißanfang $2^1/_2$ cm links, also $52^1/_2$ cm entfernt vom rechten Auflager. In der Zeichnung für Balken Nr. 13 sind alle graphischen Ermittelungen, wie bei allen anderen Balken, so vorgenommen, als ob — der Einheitlichkeit halber — die betreffenden Risse usw. immer auf der im Bilde linken Balkenhälfte vorhanden gewesen wären. So erscheint also bei Balken 13 die Sachlage vertauscht, was jedoch gegenstandslos ist.

In diesem Rißquerschnitt ist nun infolge der verhältnismäßig großen Höhenausdehnung des Risses — in der Zeichnung Blatt 1 mit „Rißstelle" bezeichnet —, sowie in Anbetracht der nur als Mittelwerte aufzufassenden Angaben des Dehnungsmessers, sicher eine größere Zugkraft im Eisen vorhanden gewesen, als wie sie mit 4630 kg (siehe S. 34) für die Meßstrecke ermittelt worden ist. Die Zugkraft im Rißquerschnitt kann mit ungefährer Annäherung wie folgt ermittelt worden.

Die rechnungsmäßige Höhenlage der neutralen Achse ist (siehe S. 31) $x = 11{,}3$ cm vom oberen Balkenrand. Im Maßstabe der Photographie ermittelt, ergibt sich das obere Rißende zu 17,3 cm vom oberen Balkenrand entfernt, so daß also noch ca. 6 cm Beton als zugfähig angenommen werden könnten. Setzt man ferner voraus, daß im Rißquerschnitt im Abstand 17,3 cm von oben durch die ganze Balkenbreite hindurch die Zugfestigkeit des Betons eben erreicht ist, d. h., also daß im Balkeninnern der Riß eine horizontale obere Begrenzung hat, so kann man die damit umgrenzte Zugleistung von dem rechnungsmäßigen Wert für $Ze' = 4630$ kg in Abzug bringen. Ohne weitere theoretische Erwägungen anzustellen, die hier doch nicht zu einem Ziele führen würden, sei einfach angenommen, daß die Spannungsfläche für den Betonzug eine Ebene ist, so daß sich für den Anteil des Betons unter Einsetzung einer Zugfestigkeit von 12 kg/cm² [1]) ergibt [2])

$$6 \cdot 1485 \cdot \frac{12}{2} = 635 \text{ kg},$$

das sind im Maßstab der Ze' 15,2 mm. Trägt man diese von Punkt R an nach oben ab, so bekommt man Punkt H.

Berücksichtigt man nun aber noch die Abb. 30, S. 16, in Bach, Heft 39, wonach eine gewisse Riß-Höhenausdehnung auf den Seitenflächen nicht auch dieselbe Höhenausdehnung im Balkeninnern bedingt, im Gegenteil, wonach mit einer inneren tiefer gelegeneren Rißbegrenzung gerechnet werden muß — und nimmt man im Querschnitt gemäß Abb. 30 die Senkung des oberen Rißendes unter $\sim 45^0$ an, so wird die noch nicht als gerissen anzunehmende Betonfläche größer. [3]) Die Rißbegrenzung (siehe Tafel I zu Balken Nr. 13) würde zunächst in einer Spitze auslaufen. Mit Rücksicht auf die ebenfalls bekannte lokale Beeinflussung des Betons durch das Eisen sei ferner angenommen, daß die untere Begrenzung auf 5 cm Breite im Innern gleichtief bleibe, und dann erst der 45^0-Linie folge. Vergleicht man dann, um einfache Verhältnisse zu erzielen, die beiden seitlichen Trapeze zu einem Rechteck, so bekommt man als Anteil des Betons am Zug folgende Werte:

$$5{,}0 \cdot 13{,}43 \cdot \frac{12}{2} = 403 \text{ kg}$$

$$+ 2 \cdot \frac{9{,}85}{2} \cdot 8{,}0 \cdot \frac{12}{2} = 473 \text{ kg}$$

$$\overline{Zb = 876 \text{ kg}}$$

$$= \sim 21 \text{ mm}.$$

---

[1]) Balken Nr. 13 hatte einen Beton $1 : 2{,}4 : 1{,}6 = 1 : 4$ mit 15 Raumprozent Wasser und ein Alter von rd. 6 Monaten. In Heft 45 und 47, S. 102, ergab derselbe Beton in einem Alter von 235 Tagen 13,0 kg/cm². Für den Altersunterschied ist 1 kg in Abzug gebracht worden.

[2]) Maße siehe auf der Zeichnung zu Balken Nr. 13.

[3]) Streng genommen, wäre auch noch das Rißbild der Balkenunterfläche zu berücksichtigen, wo man z. B. sieht, daß mancher Riß unten gar nicht ganz durchgeht.

Trägt man diese 21 mm von R an nach oben auf, so kommt man nach J, welcher Punkt etwas höher liegt als der schwarz markierte Punkt der Ze-Linie, welche Mittelwerten entspricht. Punkt H würde also eher entsprechen; da aber auch er in diesem Falle nicht weit unterhalb der Ze-Linie liegt und jedenfalls seine Lage etwas, wenn auch vielleicht nur wenig zu tief ist, so ist für diesen Balken die Ze-Linie als annähernd richtig beibehalten worden.

Da von der Rißstelle aus die Eisenzugkräfte als nach beiden Seiten abnehmend angenommen werden können, so ist nach links der Punkt G übergangen worden. Es soll dahingestellt sein bleiben, ob es nicht mit derselben Annäherung richtig gewesen wäre, den Punkt G, und damit von links her zunächst den punktierten Linienteil beizubehalten, nach G bis zu einem, zwischen H und dem scharzen Punkt gelegenen andern Punkt die Linie fortzusetzen und sie dann wieder steigend allmählich in die Ze-Linie übergehen zu lassen.

Das sind natürlich alles Annahmen, die schwer kontrollierbar sind; für die Maxima der τ_1 sind diese zu sehr verfeinerten Erörterungen ohne Belang; im Rahmen der mit diesem Verfahren überhaupt erreichbaren Genauigkeit erscheint es genügend, die in Betracht kommenden Verhältnisse einigermaßen zuverlässig einschätzen zu können.

Balken Nr. 13 aus Bach.
Mitteilungen über Forschungsarbeiten Heft 39.

P	$M_P = P.25$	M_g in B	M_{g+p}		Ze'	Δ lb	Koeff.	Δ le	Ze		Be-merkungen.
kg	cm/kg			mm	kg	$^1/_{200}$ cm		$^1/_{200}$ cm	kg	mm	
500	12 500	3910	16 410	16,4		0,22	0,856	0,188	108	2,6	
1000	25 000	—	28 910	28,9		0,48	0,856	0,411	237	5,7	
1500	37 500	—	41 410	41,4		0,75	0,856	0,642	370	8,9	
2000	50 000	—	53 910	53,9	zugleich Momentenlinie.	1,07	0,856	0,916	527	12,5	
2500	62 500	—	66 410	66,4		1,48	0,856	1,27	732	17,5	P = 2500: Erste
3000	75 000	—	78 910	78,9		2,13	0,856	1,82	1046	25	Wasserflecke.
3100	77 500	—	81 410	81,4		2,39	0,856	2,05	1175	28	
3250	81 250	—	85 160	85,2		2,77	0,856	2,37	1365	32,5	P = 3250: Erster Riß.
3500	87 500	—	91 410	91,4	--	3,25	0,9	2,93	1685	40,4	
4000	100 000	—	103 910	103,9	—	4,77	0,95	4,53	2610	62,5	
4500	112 500	—	116 410	116,4	—	6,43	1,0	6,43	3700	88,6	
5000	125 000	—	128 910	128,9	5360	8,05	1,0	8,05	4630	111	
5500	137 500	—	141 410	141,4	—	—	—	—	—	—	
5650	141 250	—	145 160	145,2	—	—	—	—	—	—	

Bei fast allen Balken der Bachschen Serien liegen die Bruchrisse in der nächsten Nähe der einen Lasteintragungsstelle. Die Behandlung vieler solcher Balken nach der angegebenen Methode ergab bald eine gewisse Sicherheit im Abwägen der einzelnen Faktoren, ohne in Versuchung zu kommen, der Absicht Konzessionen machen zu müssen. Von den überhaupt untersuchten Balken ist, um unnötige Wiederholungen zu vermeiden, hier nur eine Auswahl von 9 Typen wiedergegeben; es hat sich nirgends ein nennenswerter Zweifel gegen die Anwendbarkeit dieses Verfahrens herausgestellt, noch war es irgendwie notwendig, besonders „kunstvolle" Mittel zu Hilfe nehmen zu müssen. Nicht unerwähnt soll jedoch bleiben, daß bei manchem Balken zuerst ein scheinbarer Widerspruch mit dem Ergebnis des vorher behandelten — namentlich im Anfang — ergab, daß aber die fortschreitende Übung jeweils sehr bald den begangenen Fehler aufdeckte und sich so die Resultate in willkommener Weise decken und ergänzen. —

Die Erörterungen, betreffend der Höhenlage des Punktes H oder J, treten im allgemeinen zurück gegenüber der Bedeutung der Festlegung der Neigung der Ze-Linie an ihrer steilsten Stelle. Hiervon hängt das Maximum von τ_1 ab. Im vorliegenden Falle ist die Ze-Linie so gut wie vollständig überall festgelegt, so daß — im Gegensatz zu manchem anderen Balken — hier keinerlei Unsicherheit zutage treten konnte.

Aus den Ordinatendifferenzen der Ze-Linie folgen nun ohne weiteres die verschiedenen τ_1-Spannungen, gültig für dasjenige als maßgebend angenommene Belastungsstadium, bei welchem an den Stirnenden der Balken noch kein Gleiten festgestellt werden konnte und unter der Voraussetzung, daß bis zu diesem Belastungsstadium überhaupt noch keinerlei Eisenbewegung im Balken stattgefunden habe.

Auf S. 36 ist der rechnerische Vorgang ausführlich mitgeteilt. Die Ordinaten der Ze-Linie beziehen sich auf die obere Horizontale ACB (siehe Tafel I) und sind für alle 50 Teile einzeln abgelesen worden. Nur in demjenigen Teil der Kurve, der keine Besonderheiten mehr bietet, etwa von m an bis A, sind je 5 bezw. 6 cm zusammengefaßt worden; die betreffende Ablesung ist nachher (siehe S. 36, Spalte 3, unten) durch 5 bezw. 6 dividiert und dieser Mittelwert als genügend genau angenommen worden. Jede Ordinatendifferenz, mit Ausnahme der letzteren besonders angeführten, bezieht sich somit auf 1 cm Länge, also auf die Längeneinheit. Multipliziert mit dem Maßstab für Ze (1 mm = 41,8 kg) und dividiert mit dem Eisenumfang (Φ 22 mm, laut Zusammenstellung u = 6,94 cm), erhält man sofort die in Spalte 4 verzeichneten Haftspannungen für die Flächeneinheit τ_1. Zum Zwecke des Auftragens ist die Spalte 3 mit der entsprechenden Anzahl mm vorangestellt.

(Siehe die Tabelle auf S. 36.)

Besprechung der Ergebnisse für Balken Nr. 13.[1]

Was zunächst, ganz allgemein, die Form und den Verlauf der τ_1-Linie anbetrifft, so kann gesagt werden, daß sie denjenigen Annahmen und Erwartungen entspricht, welche S. 23 bereits ausgesprochen worden sind. Daß die bisherige Art der Berechnung aus P : F nur einen mittleren Vergleichswert, nicht aber tatsächliche Werte ergeben kann, ist schon vorher vermutet worden. Bei dieser Gelegenheit sei auf die Veröffentlichung von Prof. Engesser im „Arm. Beton" 1910, Heft 2, hingewiesen, wo auf rein theoretischer Grundlage bereits ähnliche Gedanken erörtert worden sind. Engesser sagt z. B. S. 68, unten: „Die größten Haftspannungen treten hiernach nicht an den Auflagern, sondern weiter gegen die Mitte hin, im Bereich des gelockerten Betons, auf." Seine Fig. 4 entspricht ungefähr den Ermittlungen des Verfassers.

Daß bei einem auf Trennung vom Beton beanspruchten Eisenstab die vom Lastangriff bezw. vom Krafteintritt entfernter liegenden Flächenteile zunächst nur unwesentlich an dem Gesamtwiderstand teilnehmen, ist in dem Verlauf der τ_1-Linie mit großer Deutlichkeit zu erkennen, und es gewinnt so im Hinblick auf die vorher ausgesprochenen Vermutungen das gewonnene Ergebnis an Wahrscheinlichkeit, der Wirklichkeit ziemlich nahe zu kommen. Exakte Beweise wären nur auf Grund ziemlich umständlicher Versuche zu erbringen, die bekanntlich doch auch immer wieder ihre Mängel haben.

Das Maximum von τ_1, als absolute Zahl betrachtet, steht nicht im Widerspruch mit denjenigen zahlenmäßigen Erwartungen, die aus den bisher bekannten direkten Trennungsversuchen abgeleitet werden können.

---

[1] Um die Priorität dieses Verfahrens zu unterstützen, hat Verfasser Veranlassung genommen, in „Arm. Beton" 1910, Heft 10, eine kurze Abhandlung als „Studie zur Frage der wahren Größe der Haftfestigkeit" zu veröffentlichen.

3*

Balken Nr. 13.

Ablesung der Ordinate von Ze[1] mm	Ordinaten- Differenzen ΔZ mm	$\dfrac{\Delta Z \cdot 41{,}8}{6{,}94 \cdot 0{,}6}$ $= \Delta Z \cdot 10{,}04$[3]	τ_1 kg/cm²	
111,0	—	—	—	
110,8	0,2	2	1,2	
109,9	0,9	9	5,4	
108,2	1,7	17,1	10,3	
106,1	2,1	21,1	12,7	
103,0	3,1	31,1	18,7	
98,8	4,2	42,2	25,3	
93,7	5,1	51,2	30,7	
87,5	6,2	— 62,2 —	— 37,4 —	Maximum.
81,8	5,7	57,2	34,3	
76,4	5,4	54,2	32,5	
71,0	5,4	54,2	32,5	
66,0	5,0	50,2	30,1	
61,0	5,0	50,2	30,1	
56,0	5,0	50,2	30,1	
51,3	4,7	47,2	28,3	
47,0	4,3	43,2	25,9	
42,4	4,6	46,2[4]	27,7	
38,6	3,8	38,1	28,9	
35,0	3,6	36,1	21,7	
31,9	3,1	31,1	18,7	
28,9	3,0	30,1	18,1	
26,3	2,6	26,1	15,7	
24,0	2,3	23,1	13,9	
22,0	2,0	20,1	12,1	
20,2	1,8	18,1	10,9	
18,9	1,3	13	7,8	
17,4	1,5	15 [4]	9,0	
12,8	4,6 für 5 cm	46,2 : 5 = 9,2	5,7	
8,6	4,2 „ 5 „	42,2 : 5 = 8,4	5,04	
5,1	3,5 „ 5 „	35,1 : 5 = 7	4,2	
2,7	2,4 „ 5 „	24,1 : 5 = 4,8	2,9	
0,0[2]	2,7 „ 6 „	27,1 : 5 = 5,4	3,2	

[1] Beginnend mit der Ordinate des Rißquerschnitts.

[2] Ordinate 0 des Querschnitts in A.

[3] In Wiederholung von S. 30 sei bemerkt: Um die τ_1 gleich im beabsichtigten Maßstab 1 mm = 0,6 kg/cm² auftragen zu können, sind die Ordinatendifferenzen der Ze-Kurve wie folgt umgerechnet. ($\Delta Ze \cdot 41{,}8$) ist die für die Längeneinheit (1 cm) übertragene Eisenzugkraft. 6,94 ist der Eisenumfang Φ 22 mm, somit $\dfrac{\Delta Ze \cdot 41{,}8}{6{,}94}$ die Haftspannung τ_1. Durch Division mit 0,6 erhält man die gesuchten mm zum Auftragen.

[4] Unregelmäßigkeiten, die in der Unvollkommenheit der Darstellung liegen.

Bach[1]) fand z. B. für Rundeisen Φ 20 mm mit Walzhaut, im Beton $1:4+15$ Raum-$^0/_0$ Wasser, Alter rund 3 Monate, bei den Hauptversuchen für eine Einbettungslänge von 10 cm ein $\tau m = 25,1$ kg. Das Ergebnis von 37,4 kg gilt für die Längeneinheit von 1 cm, sowie für 6 Monate alten Beton und ein etwas stärkeres Eisen Φ 22 mm. Unwillkürlich muß man dabei an die Fig. 47 in Mörsch, der Eisenbetonbau III. Auflage, S. 53, denken, wo Mörsch durch, zunächst allerdings willkürliche, Verlängerung der Linienzüge für verschieden geprüfte Eisen bis zur Achse $1 = o$ eine Haftfestigkeit von ca. 38 kg für die Längeneinheit vermutete! Über diese Verlängerungen der Linienzüge kann man verschiedener Ansicht sein, da sie zunächst keine Grundlage hatten; durch die Ergebnisse des Verfassers scheint jedoch immerhin eine solche derart geschaffen worden zu sein, daß die Maßnahmen Mörschs nachträglich als gerechtfertigt erscheinen. Abgesehen von der erwähnten Fig. 47 ist aber auch die Zahl 37,4 aus der direkten Trennungszahl 25,1 mit Berücksichtigung der angegebenen Verschiedenheiten verständlich, ebenso wie auch alle anderen Resultate nach diesem Verfahren durchaus in den Rahmen dessen fallen, was etwa erwartet werden konnte.

Nach Überschreitung der Belastung $P = 5000$ kg, bei welcher also an den Balkenstirnen noch keinerlei Änderung der Meßgrößen x und y festzustellen war, und bei welcher auch von der „Rißstelle" zum Auflager hin noch keine weiteren Risse zu bemerken waren, enstand bei $P = 5500$ die erste Bewegung, aber nur an dem einen Balkenende. Bei kleiner weiterer Steigerung auf $P = 5650$ kg entstand der zum Bruch führende große Riß „5650", womit sofort ein unaufhaltsames Gleiten verbunden war. Dieser Riß ist an seinem unteren Anfang ca. 7 cm von der Lastangriffsvertikalen entfernt, wenigstens auf der einen Seitenfläche; die Unterfläche zeigt hierin eine kleine Verschiedenheit. Nach oben zu nähert er sich nach dem Gesetz der Spannungstrajektorien dem konzentrierten Lastangriff. Vergleicht man damit die Lage des Maximums von τ_1, so erkennt man, daß der

> Bruchriß etwa dort entstanden ist, wo das Maximum der Haftspannung vorhanden war.

Der Verlauf der τ_1-Linie nach der Rißstelle hin ist (wie bei allen untersuchten Balken) ein verhältnismäßig sehr steiler. Dies stimmt wiederum mit der in der Skizze Fig. 3 niedergelegten Vermutung überein, daß das Maximum dicht hinter der Krafteintrittsstelle liegt. Gegen das Auflager hin ist der Abfall ein mehr allmählicher; eine nennenswerte Anteilnahme der weiter zurückliegenden Haftflächen, etwa von C an, ist nicht mehr vorhanden, die Haftspannungen sind dort schon etwa auf 6 kg/cm² gesunken.

Über dem Auflager A wäre theoretisch keine Eisenzugkraft mehr vorhanden, da dort $\varDelta Z = 0$, so wäre damit auch $\tau_1 = 0$. Da das Eisen sich aber noch 2 cm über A hinaus fortsetzt, so muß angenommen werden, daß auch dort noch Haftspannungen vorhanden sind. Man könnte auch das überhängende Balkenstück von 8 cm Länge als Auskragung behandeln und aus der Differenz der im Eisen alsdann entstehenden Druckspannungen Werte für τ_1 ableiten, wofür aber in solchen Fällen wenig Unterlagen zu Gebote stünden.

Nach der andern Seite des Risses ist über die Gestaltung der τ_1-Linie folgendes zu sagen: In jedem Rißquerschnitt wäre nach der oben angegebenen Näherungsmethode die Ordinate der Eisenzugkraft (abzüglich Betonleistung) zu bestimmen; voraussichtlich liegen alle diese Ordinaten unterhalb der im Balkenteil zwischen den beiden Lastangriffen horizontalen Ze-Linie. In Berücksichtigung des Umstandes, daß im Eisen ein plötzlicher Zugkraftwechsel, auch bei Vorhandensein gerissener Betonquerschnitte, mit aller Wahrscheinlichkeit nicht zu erwarten ist, wird sich die Ze-Linie zwischen solchen tefergelegenen Ordinatenpunkten der Rißquerschnitte und der, dem Mittelwert aller Dehnungen entsprechenden horizontalen Ze-Linie, die für 70 cm Meßlänge gilt, wellenartig hin und

---

[1]) Bach, Gleitwiderstand usw. S. 28 ff.

her bewegen, wie dies z. B. bei Balken Nr. 24, Tafel V, angedeutet ist. Die Kulminationspunkte der Wellenberge und die Sohlpunkte der Wellentäler sind Nullpunkte der τ_1-Linie.

Da auf der Strecke zwischen den beiden Lastangriffen nennenswerte Unterschiede zwischen dem mittleren Ze und demjenigen der Rißquerschnitte nicht vorhanden sind — man kann andererseits aber auch nicht daran vorübergehen, daß die Eisenzugkräfte **zwischen 2 Rißquerschnitten**, namentlich wenn diese weiter voneinander entfernt liegen, **kleiner** sind **als das mittlere Ze aus allen Dehnungen —, so geht daraus hervor, daß auf dieser mittleren Balkenstrecke eine erheblich geringere Beanspruchung der Haftspannung stattzufinden pflegt als auf den Strecken zwischen Lastangriff und Auflager.**

Besprechung der Ergebnisse der übrigen untersuchten Balken.

Die Ergebnisse dieser übrigen Balken sollen nur insofern noch hervorgehoben werden, als sie etwas besonders Erwähnenswertes bieten.

Bach, Mitteilungen über Forschungsarbeiten Heft 45 bis 47, S. 59 ff., Serie XXVII, Balken Nr. 91 bis 94. (Tafel II und III.)

Sämtliche Balken haben einen Querschnitt von 30/30 cm und als Eiseneinlage 1 Rundeisen Φ 26 mm mit Walzhaut ohne Endhaken. Ein Unterschied zwischen Balken 91/92 und 93/94 besteht jedoch darin, daß Balken Nr. 91 und 92 nur bis zum 10. Tage jeden 2. Tag feucht angenäßt wurden, dann aber in einem Kellerraum frei an der Luft lagerten. Die Balken Nr. 93 und 94 dagegen lagerten vom 8. Tage an bis zur Prüfung unter Wasser.

Bei allen Balken ist als maßgebende Ordinate diejenige des Rißquerschnitts angenommen, für welchen Rißquerschnitt die Eisenzugkraft nach dem oben angegebenen Näherungsverfahren $\left(Ze'\ \text{aus}\ \dfrac{M}{h-a-x/3}\ \text{abzügl. Betonanteil}\right)$ ermittelt wurde. Bei einigen Balken, wo, von unten gesehen, laut Abbildungen[1]) der Bruchriß sehr schief liegt, d. h. wo er die Unterfläche nicht annähernd senkrecht zur Stabachse durchkreuzt, ist unterschieden worden zwischen „Bruchrißstelle an der einen Seitenfläche", „desgl. am Eisen", „desgl. an der anderen Seitenfläche", um so im Diagramm die örtliche Lage des Risses zum Ausdruck zu bringen. An allen 3 verschiedenen Stellen ist dann dieselbe Ordinate aufgetragen worden.

Zum Vergleich ist ferner bei allen Balken die strichpunktierte ——— · ——— ——— — Ze-Linie eingezeichnet worden, welche nach den Erörterungen S. 33 dann entsteht, wenn man von dem rechnungsmäßigen Ze' nur so viel Betonanteil abzieht, als einer durchgehend horizontalen Rißbegrenzung im Balkeninnern (der Höhe nach) entspricht.

Von der jeweiligen maßgebenden Ordinate des Rißquerschnittes an wurde dann in möglichst allmählichem Übergang die Annäherung an die Ze-Linie wieder gesucht, d. h. an diejenige Linie, welche vorher aus den $\varDelta l_b$, Längenänderungen des Betons, in der bei Balken Nr. 13 angegebenen Weise aufgezeichnet worden war. Bei den meisten Balken ist die nötig gewordene Abweichung nur gering, allein bei Balken Nr. 92 liegt die Rißordinate ziemlich tiefer. Zunächst könnte dies als eine störende Abweichung empfunden werden; überblickt man aber das Resultat der τ_1-Linie, so fällt sofort die nahezu völlige Übereinstimmung mit der τ_1-Linie für Balken Nr. 91 in die Augen, und man erkennt, daß eine ebenso geringe Abweichung der Rißordinate bei Balken Nr. 92 tatsächlich eine erhebliche Abweichung des Ergebnisses für τ_1 zur Folge gehabt hätte. Bei allen durchgeführten Untersuchungen lösten sich alle zunächst als Widersprüche auftretende

---

[1]) Siehe z. B. Bach, Heft 45 bis 47, S. 60, Fig. 160. Untere Flächen der Balken, Balken Nr. 91.

Verhältnisse in solche auf, welche beim weiteren Fortgang der Bearbeitung erfreuliche Übereinstimmung ergaben.

Ferner tritt auch bei dieser Art der Bestimmung von τ_1 der Unterschied in den Ergebnissen für luftgelagerten im Gegensatz zu wassergelagertem Beton deutlich in die Erscheinung. Dieser Unterschied in den Ergebnissen zugunsten des wassergelagerten Betons ist bekannt.[1] Werden hier die Maxima miteinander verglichen, so liegt der Wert für wassergelagerten Beton, auf denjenigen für luftgelagerten Beton bezogen, um 16,5 % höher als letzterer.

Bemerkenswert ist auch, daß bei den wassergelagerten Balken sowohl das Ansteigen der Kurven vom Rißquerschnitt zum Maximum sowie namentlich der Abfall der Kurven vom Maximum nach dem Auflager hin allmählicher vor sich geht als bei den Balken mit Luftlagerung. Es ist, als ob bei Wasserlagerung (siehe auch hierüber im ersten Abschnitt S. 10 ff.) sich die Haftspannung etwas gleichmäßiger verteile, als ob eine größere Haftfläche sich mit Spannungen = nahe dem Maximum am Widerstand gegen die Trennung beteilige. Ist dies zutreffend, so muß dann auch, wenn einmal eine Trennung erfolgt, diese sich auch gleich auf eine größere Länge erstrecken und infolgedessen, nach außenhin, plötzlicher erfolgen als bei den luftgelagerten Balken. Bei letzteren — übrigens auch bei Lagerung unter normal feuchten Säcken — schreitet die Loslösung allmählich vom Rißquerschnitt nach dem Auflager hin vorwärts, in dem das $\tau_1 = $ Maximum gewissermaßen alle Längeneinheiten von B bis A passiert. Dieses vermutlich plötzlichere Loslösen bei den wassergelagerten Balken scheint darin eine Bestätigung zu finden, daß bei beiden Balken Nr. 93 und 94 in der Bachschen Zusammenstellung 23 (Heft 45 bis 47) die einmal eingetretenen Bewegungen des Eisens nicht mehr, wie z. B. bei Nr. 91, gemessen werden konnten, sondern gleich unaufhaltsam die endgültige Zerstörung herbeiführten.

Es mag vorläufig dahingestellt bleiben, ob es richtiger ist, die τ_1-Linie im Rißquerschnitt mit einer Spitze endigen zu lassen oder anzunehmen, was wahrscheinlicher ist, daß der Übergang zu O mehr tangential, d. h. allmählicher erfolgt (siehe Tafel V, Balken 24).

Balken Nr 17.[2]

Die Eiseneinlage mit 1 Φ 25 mm mit Walzhaut ist beinahe dieselbe wie diejenige der Balken Nr. 91 und 92 (1 Φ 26 mm). Nur wurde der Balken Nr. 17 (Tafel IV) unter feuchten Säcken bis zum Beginn der Prüfung aufbewahrt, Nr. 91 und 92 dagegen an der Luft. Diese beiden Umstände, etwas verschiedener Eisendurchmesser[3] und Lagerungsunterschied,[4] hätten zwar schon eine kleine Erhöhung des τ_1-Maximums rechtfertigen können. Der Hauptgrund aber in dem erheblichen Unterschied zwischen dem τ_1 für Balken Nr. 17 ($\tau_1 = 38,6$) und dem Mittelwert für die Balken Nr. 91 und 92 ($\tau_1 = 27,5$) ist in dem Altersunterschied des Betons begründet. Balken Nr. 17 hatte ein Alter von rund 6 Monaten, die Balken Nr. 91 und 92 dagegen nur ein solches von 49 und 50 Tagen. Die bekannte Steigerung der Haftfestigkeit mit dem Alter[5] kommt also auch bei diesem Verfahren deutlich zum Ausdruck.

Die strichpunktierten Linienzüge ——— · ——— ———, sowohl für Ze als für τ_1, entsprechen wiederum der Annahme, daß der an den Seitenflächen bis zu einer gewissen Höhenausdehnung sichtbare Riß auch im Balkeninnern bis zu derselben Höhenausdehnung

---

[1] Bach, Mitteilungen über Forschungsarbeiten Heft 45 bis 47, S. 60 und 149; Heft 72 bis 74, S. 55, 56, 57. Bach und Graf, „Arm. Beton" 1910, Heft 7, S. 277, 279.

[2] Bach, Mitteilungen über Forschungsarbeiten Heft 39, S. 33 ff. und Zusammenstellung 4.

[3] Im negativen Sinne, da die stärkeren Eisen im allgemeinen die höheren Werte liefern.

[4] Im positiven Sinne.

[5] Und damit auch mit der Zugfestigkeit des Betons (siehe S. 47 ff.).

vorgeschritten sei, eine Annahme, deren geringe Wahrscheinlichkeit hier besonders in die Augen springt. Der strichpunktierten Ze-Linie würde ein $\tau_1 = 43{,}1$ kg/cm² entsprechen. In den meisten Fällen dürfte man mit der Annahme, daß der Beton im Innern noch nicht so weit hinauf zerstört ist, wie dies außen sichtbar ist, das Richtigere treffen (Abb. 30, S. 16 in Bach, Heft 39).

Da der Punkt G der Ze-Linie noch etwas tiefer liegt als Punkt F (Ordinate des Rißquerschnitts), so endigt hier die τ_1-Linie oben nicht im Punkt E, sondern erst in B. Im übrigen sind dieselben Maßnahmen innegehalten worden, wie bei den andern Balken.

Das Maximum von τ_1 ergibt sich hier zu $38{,}6$ kg/cm², mit dem mittleren Werte von $27{,}5$ kg/cm² der Balken Nr. 91 und 92 verglichen bedeutet dies — abgesehen von dem kleinen Unterschied der Durchmesser — eine Zunahme von $40{,}5\,^0/_0$ (auf $27{,}5$ bezogen) für eine Alterszunahme von 50 Tage auf 6 Monate und für die günstigere Lagerung des Balkens Nr. 17 (unter feuchtem Sand) gegenüber derjenigen der Balken Nr. 91 und 92 (an der Luft).

Der nach den amtlichen „Bestimmungen" errechnete Wert von τ_1, konstant von A bis B, ist auch hier, wie bei allen Balken, vergleichsweise beigefügt. Er beträgt $18{,}5$ kg/cm², also nicht ganz die Hälfte des vermutlich tatsächlichen Maximums.

Balken Nr. 11.[1])

Sämtliche Daten des Balkens Nr. 11 (Tafel IV) sind bis auf die Beschaffenheit der Oberfläche der Eiseneinlage identisch mit denjenigen des Balkens Nr. 17. Im Gegensatz zu letzterem war die Eiseneinlage des Balkens Nr. 11 gezogen, sorgfältig geschlichtet und abgeschmirgelt, so daß also eine nahezu glatte Oberfläche entstanden ist. Dies kam schon äußerlich in einer entsprechend niedrigeren Bruchlast zum Ausdruck (5750 kg gegen 8750 kg).

Aber auch bei diesem Verfahren ergibt sich ein entsprechend niedriges τ_1 von $17{,}7$ kg/cm² im Gegensatz zu dem für normales Eisen mit Walzhaut erhaltenen, entsprechenden Wert von $38{,}6$ kg/cm².

Die Bruchrißstelle liegt hier genau unter dem Lastangriff. Die Unwahrscheinlichkeit der Berechtigung der strichpunktierten Ze-Linie (siehe hierüber S. 33 u. 38) tritt hier besonders deutlich hervor. Bei dieser Gelegenheit sei bemerkt, daß bei großen Betonbreiten (30 cm, wie hier) und nur einer Eiseneinlage die günstige Beeinflussung des außen gelegenen Betons natürlich, wie bekannt, eine geringe ist: der Beton kann also zunächst an den Seitenflächen hinauf eine gewisse Höhenausdehnung erlangen, ehe das Eisen auf den übrigbleibenden Teil einwirken kann. Bei schmäleren Querschnitten (wie z. B. bei Balken Nr. 13) ist die günstige Beeinflussung des Betons durch das Eisen schon fast von Anfang an vorhanden — namentlich wenn es mehrere Eisen sind —, und es kann daher die Vermutung ausgesprochen werden, daß

1. bei schmäleren Querschnitten oder, was gleichbedeutend ist, bei Querschnitten mit gut verteilter Eiseneinlage, die an den Seitenflächen sichtbare Höhenausdehnung eines Risses auch einer solchen, nahezu ebenso großen, im Balkeninnern entspricht;

2. bei breiteren Querschnitten mit nur einer Eiseneinlage es eher berechtigt erscheint, das obere, auf einer Seitenfläche sichtbare Rißende nicht als durchgehend in dieser Höhenlage anzunehmen, sondern die obere Rißbegrenzung im Balkeninnern als etwa nach 45° oder 30° nach dem Eisen zu fallend anzunehmen.

---

[1]) Bach, Mitteilungen über Forschungsarbeiten Heft 39, S. 30 ff. und Zusammenstellung 2.
[2]) Bach, Mitteilungen über Forschungsarbeiten Heft 39, S. 40 ff. und Zusammenstellung 7.

Balken Nr. 24.[2])

Im Hinblick auf die bisher behandelten Balken erschien die Vervollständigung der Ergebnisse durch diesen Probekörper deshalb notwendig, weil seine Eiseneinlage aus einem verhältnismäßig dicken Eisen, Φ 32 mm mit Walzhaut, bestand. (Tafel V.)

Bisher war bekannt, daß die üblichen Rechenverfahren für die größeren Eisendurchmesser auch größere Haftfestigkeitswerte ergeben.[1])

Die im übrigen hinsichtlich ihrer Form mit den anderen Kurven übereinstimmende τ_1-Linie ergibt jedoch für das Φ 32 mm-Eisen einen Haftfestigkeitswert (37,3 kg/cm² im Maximum), der nicht über, sondern noch etwas unter den entsprechenden Werten für Eisen Φ 25 und Φ 22 mm liegt (siehe auch Zusammenstellung S. 42). Namentlich aber liegt der Wert für Φ 32 mm ganz erheblich unterhalb desjenigen für Φ 18 mm (Balken Nr. 3, siehe nachher), so daß also hinsichtlich der τ_1-Zahlen zunächst ein Widerspruch mit den bisherigen Ergebnissen zutage tritt. Dieser Widerspruch ist jedoch nur ein scheinbarer, seine Aufklärung findet er sofort nach Besprechung der Ergebnisse für Balken Nr. 3.

Die nach den amtlichen „Bestimmungen" errechnete Haftfestigkeitszahl, von A bis B konstant, beträgt 17,2 kg/cm². Der Vollständigkeit halber ist auch noch die strichpunktierte τ_1-Linie angegeben.

Balken Nr. 3.[2])

Der Verlauf der τ_1-Linie an sich weist zunächst nichts Besonderes auf. (Tafel VI.) Berücksichtigt man jedoch den Umstand, daß das dem Balken Nr. 3 angehörende Rundeisen Φ 18 mm geringeren Durchmesser hat als diejenigen der Balken Nr. 13 (Φ 22 mm), Nr. 17 (Φ 25 mm) und Nr. 24 (Φ 32 mm) und daß trotzdem das Maximum dieser τ_1-Linie mit 43,7 kg/cm² größer ist als diejenigen aller soeben angeführten Balken, so scheint es zunächst, als ob hier ein ähnlicher Widerspruch vorliege, wie bei Balken Nr. 24, bei welchem für das dicke Φ 32 mm — Eisen keine höhere Haftziffer gefunden werden konnte als für die Rundeisen Φ 22 und 25 mm.

Den Weg zur richtigen Beurteilung dieser Verhältnisse hat bereits Probst in seiner Arbeit „Einfluß der Armatur und der Risse im Beton auf die Tragsicherheit", Mitteilungen aus dem Königl. Materialprüfungsamt Groß-Lichterfelde West, Ergänzungsheft I, 1907, S. 117, angogeben.

Bezeichnet man mit H diejenige „Haftkraft" des Eisens im Beton, welche sich als Ausdruck der gesamten einbetonierten Länge c der auf Trennung gerichteten Zugkraft Z entgegenstemmt, so kann man auch schreiben

$$Z = H = c \cdot X,$$

wobei X nach Probst einen von der Oberflächenbeschaffenheit und dem Umfang der Armierung abhängigen Wert bezeichnet, den Probst als Maß für die Haftfähigkeit der Armatur angesehen haben will und den er Haftfähigkeitskoeffizient benennt. Setzt man nun

$$Z = H = c \cdot X = F e \, \sigma_e = u \cdot c \cdot \tau_1,$$

so ist

$$X = u \cdot \tau_1,$$

wenn u der Umfang der Eiseneinlage ist. Berücksichtigt man also in dem Haftfähigkeitskoeffizienten X auch den Umfang u der Eiseneinlage und kommt damit auf die Haftkraft

---

[1]) Bach, Versuche über den Gleitwiderstand einbetonierten Eisens, Zusammenstellung S. 33. Van Ornum, „Beton und Eisen" 1908, Heft 4. Möller, Untersuchungen an Plattenträgern 1907, S. 66. Service français des phares et balises nach Bericht von Mörsch in „Der Eisenbetonbau" III. Aufl., S. 49.

[2]) Bach, Mitteilungen über Forschungsarbeiten Heft 39, S. 35 ff., Zusammenstellung 5.

pro Längeneinheit, so ergaben die hier in Betracht gezogenen Balken ganz andere Einblicke in den Widerstand der Eisen verschiedener Durchmesser beim Herausziehen, d. h. kurz vor Beginn desselben.

Balken Nr.	Alter	Querschnitt	Eisen Φ	Oberfläche	τ_1 max	$\varDelta Ze\,(max)$ $= u \cdot \tau_1\,(max)$ kg	Bemerkungen.
3	6 Monate	20/30	18	mit Walzhaut	43,7	245,5	Unter feuchtem Sande.
13	6 „	15/30	22		37,4	259,2	
17	6 „	30/30	25		38,6	302,6	
24	6 „	30/30	32		37,3	372,6	
11	6 Monate	30/30	25	geglättet	17,7	140,0	
91	49 Tage	30/30	26	mit Walzhaut	26,6	223,3	An der Luft.
92	50 „	30/30	26		28,4	233,7	
93	49 „	30/30	26		31,4	260,0	Unter Wasser.
94	50 „	30/30	26		32,7	276,0	

Es ist hierzu zu bemerken, daß gemäß dem für Balken Nr. 13 gegebenen ausführlichen Beispiel die Maxima der Differenzen der Ze (siehe S. 36) aus den abgelesenen Millimetern, multipliziert mit dem für Ze gültigen Maßstab, erhalten werden. Bei Balken Nr. 13 z. B. ergibt sich für

$$\varDelta Ze\,(max) = 6{,}2\ \text{mm} \cdot 41{,}8 = 259{,}2\ \text{kg}.$$

Aus der Zusammenstellung geht hervor, daß

die Haftkraft pro Längeneinheit — um den Probstschen Ausdruck zu gebrauchen — mit dem Durchmesser der Eiseneinlage zunimmt.

Der Seite 41 erwähnte anfängliche Widerspruch ist somit nicht mehr vorhanden; es besteht vielmehr im Gegenteil eine erfreuliche Übereinstimmung zwischen den gleichwertigen, aus Balken Nr. 3, 13, 17 und 24 gewonnenen Ergebnissen.

Die so erhaltenen Zahlen für $u \cdot \tau_1 = \varDelta Ze$ haben in ihren Absolutwerten gewisse Ähnlichkeit mit denjenigen, die Probst auf andere Weise gewonnen und S. 118 der erwähnten Schrift tabellarisch niedergelegt hat. Zwecks direktem Vergleich sind die Probstschen X-Werte mit 1000 zu multiplizieren, da Probst die Werte für σ_e in Tonnen pro Quadratzentimeter statt in Kilogramm pro Quadratzentimeter eingesetzt hat.

Das geglättete Eisen $\Phi\,25$ mm aus Balken Nr. 11 tritt auch hier mit 140 kg pro Zentimeter bedeutend zurück hinter den Werten für Eisen mit Walzhaut. Die Eisen $\Phi\,26$ mm in nur 50 Tage altem Beton erreichen dagegen, namentlich bei Wasserlagerung, diejenigen $\varDelta$ Ze-Werte, welche bei dem geringeren Alter etwa für sie zu erwarten waren.

Die X-Werte Probsts sind nun aber nur sogenannte mittlere Werte, indem die aus der Rechnung bestimmte Eisenzugkraft $Z = H$ durch c, die einbetonierte Eisenlänge vom Riß weg bis zum Eisenende, dividiert worden ist. Nach den vorliegenden Ermittelungen dürfte eine solche gleichmäßige Verteilung der Haftspannungen und damit ein solch gleichmäßiger Haftfähigkeitskoeffizient auf die ganze Länge nicht zutreffend sein.

Vergleicht man die Ergebnisse für die 4 Balken Nr. 3, 13, 17, 24 hinsichtlich des Umfanges der Eiseneinlagen Φ 18, 22, 25 und 32 mm, so verhalten sich die Umfänge wie

$$5{,}66 : 6{,}51 : 7{,}85 : 10{,}1$$
$$= 1 : 1{,}22 : 1{,}39 : 1{,}78,$$

während die $\varDelta\,Z\,e$ sich verhalten wie
$$245,5 : 259,2 : 302,6 : 371,6$$
$$= 1 : 1,055 : 1,24 : 1,57.$$

Die $\varDelta\,Z\,e$ bleiben also etwas hinter den Umfangsproportionalzahlen zurück, was wieder in Übereinstimmung steht mit analogen Beobachtungen verhältnismäßig geringerer Ergebnisse bei größeren mitwirkenden Flächen oder Querschnitten.

Haftfestigkeit bei Biegung und beim direkten Trennungsversuch.

Die für die einzelnen Balken aufgezeichneten Kurven ermöglichen festzustellen, in welchem Maße etwa die einzelnen Längenteile an dem Widerstande gegen die auf Trennung gerichtete Kraft teilgenommen haben.

In den Zusammenstellungen S. 44 und 45 sind für die Längen von 10, 15, 20, 25, 30, 40, 45 und 50 cm die auf die betreffenden Strecken entfallende Anzahl Kilogramm vermutlich tatsächlich übertragener Eisenzugkraft ermittelt worden.

Bei den beiden in Betracht gezogenen Balken Nr. 3 und 13 findet übereinstimmend innerhalb der ersten 10 cm die größte Kraftübertragung statt, gegenüber welcher die weiter zurückliegenden Flächenteile zum Teil stark abfallen, wie dies ja auch schon aus den τ_1-Linien selbst hervorgeht.

Als Vergleich mit diesen Ergebnissen seien nun die für $\varPhi$ 20 mm-Eisen mit Walzhaut gültigen Ergebnisse aus Bach, „Versuche über den Gleitwiderstand einbetonierten Eisens" herangezogen.

$\varPhi$ 20 mm.   Direkte Trennungsversuche.

Einbetonierte Länge cm	Lange Belastungsdauer		
	kg	Differenz	in $^0/_0$ von 2890 kg (30 cm)
10	1605	1605	55,5 $^0/_0$
15	1760	155	5,5 „
20	1965	205	7,1 „
25	2860	895	31,0 „
30	2890	30	1,0 „
			100,0 $^0/_0$

(Siehe die Tabellen auf S. 44 und 45.)

$\varPhi$ 20 mm.   Direkte Trennungsversuche.

Einbetonierte Länge cm	Kurze Belastungsdauer		
	kg	Differenz	in $^0/_0$ von 4528 kg
10	2135	2135	47 $^0/_0$
15	2947	812	18 „
20	2777	— 170	— 3,8 „
25	4656	879	19,4 „
30	4528	— 128	— 2,8 „

Vor allem ist festzustellen, daß bei den direkten Trennungsversuchen von einer Regelmäßigkeit der Abnahme der Anteilnahme mit der Zunahme des Abstandes vom

Balken Nr. 13.

Widerstand der einzelnen Längenteile.

Φ 22 mm.

cm	mm = Differenz der Ze-Kurve	Δ Ze kg	Zusammen kg	Für die Teilstrecke von 10, 5, ... cm	Bemerkungen.
	0,9	37,6			in $^0/_0$
	1,7	71			von 4595 kg
	2,1	87,8		bezw. von	(4060 kg)
	3,1	129,5			für 30 cm
	4,2	175,5			
	5,1	213,5			
	6,2	259			
	5,7	238			
	5,4	226			
10	5,4	226	1664	1064 (10 cm)	$= 36,2\ ^0/_0$
	5,0	209			$(41\ ^0/_0)$
	5,0	209			
	5,0	209			
	4,7	196,5			
15	4,3	180	2668	1004 (5 cm)	$= 21,8\ ^0/_0$
	4,6	192,5			$(25\ ^0/_0)$
	3,8	159			
	3,6	150,5			
	3,1	129,5			
20	3,0	125,5	3425	757 (5 cm)	$= 16,5\ ^0/_0$
	2,6	108,5			$(18,7\ ^0/_0)$
	2,3	96,2			
	2,0	83,6			
	1,8	75,2			
25	1,3	54,3	3843	418 (5 cm)	$= 9,1\ ^0/_0$
	1,5	62,7			$(10,5\ ^0/_0)$
	0,92	38,5			
	0,92	38,5			
	0,92	38,5			
30	0,92	38,5	4060	217 (5 cm)	$= 4,7\ ^0/_0$
	0,92	38,5			
	4,2	175,5			
40	2,8	117	4391	331 (10 cm)	$= 7,2\ ^0/_0$
	0,7	29			
	2,4	100			
50	1,8	75	4595	204 (10 cm)	$= 4,5\ ^0/_0$
					$100,0\ ^0/_0$

Krafteintritt nicht die Rede sein kann; bei der kurzen Belastungsdauer ist sogar 2 mal bei der größeren Länge gegenüber der vorangehenden kürzeren eine Abnahme zu verzeichnen. Es findet zwar der hauptsächliche Widerstand auch innerhalb der ersten 10 cm statt, welchen sich die weiteren 10 cm mit entsprechenden Abnahmen anschließen. Bei kurzer und bei

Balken Nr. 3.

Widerstand der einzelnen Längenteile.

Φ 18 mm.

cm	mm = Differenz der Ze-Kurve	Δ Z e kg	Zusammen kg	Für die Teilstrecke von 10, 5, … cm	Bemerkungen.
	2,0	79,2			in $^0/_0$
	3,6	142,5			von 3636 kg
	4,4	174,1		bezw.	von (3485 kg)
	5,8	229,5			(für 30 cm)
	5,8	229,5			
	6,2	245,5			
	6,0	237,5			
	6,0	237,5			
	5,7	226,0			
10	5,7	226,0	2027	2027 (10 cm)	= 56 $^0/_0$
	5,6	222,0			(58 $^0/_0$)
	5,3	210			
	4,9	194			
	4,0	158,4			
15	3,0	118,8	2930	903 (5 cm)	= 25 $^0/_0$
	2,8	111			(26 $^0/_0$)
	1,8	71,3			
	1,4	55,4			
	1,0	39,6			
20	0,75	29,7	3237	307 (5 cm)	.= 8,5 $^0/_0$
	0,75	29,7			(8,8 $^0/_0$)
	0,75	29,7			
	0,75	29,7			
	0,65	26			
25	0,65	26	3378	141 (5 cm)	= 3,9 $^0/_0$
					(4 $^0/_0$)
30	2,2	87	3485	87 (5 cm)	= 2,4 $^0/_0$
40	3,0	119	3604	119 (10 cm)	= 3,3 $^0/_0$
45	0,8	32	3636	32 (5 cm)	= 0,9 $^0/_0$
					100,0 $^0/_0$

langer Belastungsdauer aber setzt dann bei 25 cm einbetonierter Länge eine ganz auffallende Zunahme — 31 und 19,4 $^0/_0$ — ein, während bei den Biegungsversuchen dies nicht der Fall ist. Diese Zunahme bei l = 25 cm ist übrigens auch bei den mit Rundeisen Φ 10 mm durchgeführten Versuchen zu bemerken. (Bach, S. 28.) Man könnte meinen, daß bei 25 cm einbetonierter Länge ein neuer Widerstand für sich beginnt, sich bemerkbar zu machen, mit anderen Worten: es ist, als ob zunächst der Stab nur bis zu einer einbetonierten Länge von 20 cm beansprucht wird; dieser Widerstand wird überwunden, und erst dann kommen die weiter zurückliegenden Flächenteile an die Reihe. Verfasser hatte geglaubt, den in allen diesbezüglichen Diagrammen auffallenden Knick nach oben bei l = 25 cm aus den Ergebnissen seiner τ_1-Linien erklären zu können. Dies ist aber nicht der Fall; offenbar hängt diese Erscheinung mit der grundsätzlich anderen Art der Beanspruchung des Eisens und der Krafteintragung in dasselbe zusammen.[1] Außerdem mögen die Elastizitätsverhältnisse zwischen Eisen und Beton, d. h. die Summen der Dehnungen des Eisens, eine Rolle spielen, was ziemlich wahrscheinlich sein dürfte. Eine vielleicht bessere Erklärung ist aber die folgende:

Die von Bach angegebenen P max sind nicht etwa solche Belastungen, bei denen der Stab eben begonnen hat, sich zu bewegen, sondern solche, bei denen der Stab längst in Bewegung war. Die P max Bachs sind also Endzahlen, welche bereits die Leistung des Gleitwiderstandes mit enthalten. Je länger nun ein Stab ist, desto mehr fallen seine Unregelmäßigkeiten der Oberfläche und die Abweichungen seiner Achse von der geraden ins Gewicht, desto mehr kommt der Gleitwiderstand unter sonst gleichen Verhältnissen zur Geltung. Wie Bach S. 9 und 21 seiner „Versuche über den Gleitwiderstand einbetonierten Eisens" ausführlicher beschreibt, liegt der Beginn des Gleitens, also die eigentliche Auflösung des Verbundes, viel tiefer als dies ins P max zum Ausdruck kommt. Zur Beurteilung vorliegend erwähnter Verhältnisse wären diejenigen Belastungen, welche den Beginn des Gleitens angeben, von Bedeutung gewesen.

In den mitgeteilten P max dagegen ist die Summe aller Gleitwiderstände mit enthalten, welche mit Überschreitung einer gewissen einbetonierten Länge erheblich wachsen können. Verfasser glaubt, daß die auffällige Zunahme bei l = 25 cm für die direkten Trennungsversuche verschwindet, wenn für alle Längen nicht P max, sondern diejenige Belastung zugrunde gelegt worden wäre, bei welcher das erste Gleiten festgesetzt worden ist. Diese letzteren Belastungen sind in der Veröffentlichung Bachs nicht enthalten. Auch die sonstigen Erscheinungen wären vermutlich mehr regelmäßig aufgetreten und die Unterschiede in den Maxima und Minima der einzelnen Serien, die oft nahezu 50 % betragen, wären wahrscheinlich geringer geworden.

Aus all den angegebenen Gründen, ferner aus Gründen des Altersunterschiedes und eines solchen der Eisendurchmesser können die Ergebnisse der direkten Trennungsversuche und diejenigen der τ_1-Linien für Balken Nr. 3 und 13 nicht wohl miteinander verglichen werden. Außerdem fehlt für die Biegungsversuche der Maßstab für die Beurteilung der in Betracht kommenden Zeitdauer des Versuches, welche, wie die beiden Tabellen S. 43 zeigen, von erheblicher Bedeutung ist.

Umgekehrt soll eben mit Rücksicht auf diese wahrscheinliche Ursache der Steigerung der P max von l = 25 cm an auf die Möglichkeit hingewiesen werden, daß auch bei den Biegeversuchen ähnliche Verhältnisse eine Rolle gespielt haben. Da seitens Bach die Bewegung des Eisens nur an den Stirnen festgestellt wurde, so ist unter Bezugnahme auf die neuesten Preußschen Ergebnisse („Arm. Beton 1910, Heft 9) die Wahrscheinlichkeit in Betracht zu ziehen, daß in der Nähe der Lastangriffsstellen schon etwas früher Bewegungen stattgefunden haben, so daß also die τ_1-Linien nicht in ihrem ganzen Verlauf Haftspannungen darstellen, sondern in der Gegend der Maxima schon Gleitwiderstandsanteile mit enthalten.

Diese zu trennen, erscheint aber vorläufig nicht gut durchführbar. Von dem weiteren Gesichtspunkt der Praxis betrachtet, kommt es mehr darauf an, daß noch ein Widerstand gegen das Herausziehen geleistet wird, wenn derselbe auch vielleicht bereits nicht mehr von der Haftung, sondern schon vom Gleitwiderstand geleistet wird. In diesem Sinne betrachtet, erlangen die τ_1-Linien einerseits eine eingeschränktere, andererseits eine weitere Bedeutung.

---

[1] Siehe hierüber u. a. Wienecke im „Handbuch für Eisenbetonbau" Band I, S. 145.

Es ist dabei noch zu beachten, daß auch Bach bei seinen Gleitwiderstandsversuchen den Beginn des Gleitens an den Enden bereits bedeutend früher festgestellt hat, als dies in den jeweils angegebenen P max zum Ausdruck kommt. Letztere enthalten durchweg schon einen erheblichen Prozentsatz Gleitwiderstand.

Die Abhängigkeit der Haftfestigkeit von der Zugfestigkeit des Betons.

Auf den Zusammenhang zwischen Haftfestigkeit und Zugfestigkeit des Betons ist u. a. schon von Probst in seiner Abhandlung „Einfluß der Armatur und der Risse im Beton auf die Tragsicherheit"[1] S. 118, 119 aufmerksam gemacht worden. Auf Grund der vorstehenden Ermittlungen dürfte eine Erweiterung unserer Anschauungen in gewisser Hinsicht willkommen sein; infolge der üblichen Berechnungsmethoden und unter dem Eindruck der daraus gewonnenen Zahlenwerte ist man ohnedies leicht geneigt, gewissen Umständen besonderen Wert beizulegen, welchen eine solche Bedeutung gar nicht zukommen dürfte.

Bei direkten Trennungsversuchen sowohl als auch bei auf Biegung beanspruchten Probekörpern tritt die Auflösung des Verbundes im allgemeinen erst dann ein, wenn die im Eisen wirksame trennende Kraft groß genug geworden ist, die Trennung herbeiführen zu können.

Anmerkung: Ausgenommen hiervon sind diejenigen bekannten Fälle, wo das allmähliche Fortschreiten der sogenannten schiefen Zugrisse[2] bis hinab zur Eisenzone Veranlassung sind, daß eine Verdrehung der beiden durch den schiefen Riß getrennten Balkenteile und damit ein Abdrücken der Eiseneinlage nach unten stattfindet. Siehe hierüber Mörsch, Der Eisenbetonbau III. Aufl., S. 165, 166, Abb. 138, 139. Bach, Mitteilungen über Forschungsarbeiten Heft 45 bis 47, S. 114, 116, 121.

Es ist somit von Bedeutung, wie lange es dauert, d. h. bis zu welcher Stufe die Belastung gesteigert werden kann, bis das kritische Maximum im Eisen vorhanden ist.

Damit ist ohne weiteres der Einfluß der Güte und damit der Zugfestigkeit des Betons klargestellt: Ein Beton von besserer Mischung, günstig erfolgter Lagerung und dergl. zeigt bekanntlich erst später die ersten Zugrisse, deren Fortschreiten auch entsprechend langsamer vor sich geht. Die Mitwirkung des Betons auf Zug im gebogenen Balken ist also bei Beton höherer Zugfestigkeit länger gesichert, als bei Beton geringerer Zugfestigkeit, und es können somit höhere Laststufen erreicht werden, ehe — unter sonst gleichen Verhältnissen — in das Eisen dieselbe Zugkraft hineingekommen ist, wie bei geringwertigerem Beton. Bei Laststufen also, bei welchen sonst bereits nennenswerte Haftspannungen auftreten, ist bei besserem Beton von solchen noch kaum die Rede, und das günstigere Verhalten des Eisens in besserem Beton ist zunächst nicht etwa auf die größere Haftfestigkeit zurückzuführen, sondern darauf, daß der Verbund überhaupt noch kaum in Anspruch genommen worden ist.

Erst dann, wenn der Beton an einer bestimmten Stelle (bei zwei konzentrierten parallelen Lasten meistens unter dem einen Lastangriff) so weit durchgerissen ist, daß von einer nennenswerten Mitwirkung des Betons auf Zug nicht mehr gesprochen werden kann, erst dann beginnt die eigentliche Inanspruchnahme des Verbundes, in welcher Phase alsdann erst die bessere Haftung des Eisens an dem fetteren Beton zum Ausdruck kommt.

Die Zugfestigkeit des Betons ist also nicht unmittelbar ein Faktor, von dem die Haftfestigkeit abhängig ist, sondern sie ist nur mittelbar und insofern ein maßgebender Faktor, als sie dasjenige Laststadium normiert, bei welchem die Mitwirkung des Betons am

---

[1] Mitteilungen aus dem Königl. Materialprüfungsamt Gr.-Lichterfelde West, I. Ergänzungsheft 1907. Ferner siehe Probst, Das Zusammenwirken von Beton und Eisen S. 52 ff.

[2] Wenn nach Luft (Vortrag 1908, Deutscher Betonverein) aus primären Rissen sekundäre werden.

Widerstand gegen die Zugkräfte zu Ende geht und das Eisen in der Hauptsache die Zugspannungen übernommen hat. Erst dann beginnt die eigentliche Inanspruchnahme des Verbundes zwischen Eisen und Beton.

Als typisches Beispiel hierfür möge ein Balken (Nr. 3) der Serie E der vom Verfasser im Jahre 1903 durchgeführten Balkenversuche[1]) dienen, welche Serie, wie bereits
S. 31 erwähnt worden ist, mit Ausnahme des Mischungsverhältnisses des Betons völlig
indentisch ist mit dem mehrfach besprochenen Balken Nr. 13 aus Bach, Mitteilungen über
Forschungsarbeiten Heft 39.   Balken Nr. 13 bestand aus Beton, 1 Zement : 2,4 Sand : 1,6
Rheinkies = 1 : 4 + 15 Raumprozent Wasser.   Balken E_3 dagegen war aus Beton, 1 Zement zu
1 Flußsand : 2 feinkörniger Kalksteinschotter zusammengesetzt = 1 : 3 + 8 Gewichtsprozent
Wasser (etwa = 15 Raumprozent).   Die Zugfestigkeit dieses an großen Prismen mit 20/20 cm
Querschnitt erprobten Betons betrug im Alter von rund 6 Monaten im Mittel 20,2 kg/cm²,
diejenige des Bachschen Betons nach 7 Monaten 13,0 kg/cm².

Auf der Zeichnung für Balken Nr. 13 (Tafel I) ist nun vergleichsweise die für Balken E_3
unter der entsprechenden Belastung gültige Linie für Ze eingezeichnet, welche weit ober-
halb derjenigen für Balken Nr. 13 liegt, und dort, wo die Ze-Linie für Balken Nr. 13
bereits längst die Tendenz hat, in starker Neigung nach unten zu fallen, immer noch in der
anfänglichen flachen Neigung beharrt.

Während Balken Nr. 13 bei einer Maximalbelastung von **P = 5650 kg** infolge Über-
windens der Haftfestigkeit zusammenbrach, erreichte die Bruchlast bei dem genau ebenso
belasteten und sonst völlig gleichen Balken E_3 die Höhe von **P = 12070 kg**, nur weil infolge
der ungleich besseren Betonqualität die Anteilnahme des Betons am Zug eine viel größere
und nachhaltigere war und deshalb erst bei viel höherer Belastung (9750 kg) diejenige
Zugkraft im Eisen wirksam werden konnte, welche den Beginn des Gleitens einleitete; bei
Balken Nr. 13 betrug diese einleitende Last P = 5000 kg.

Im Sinne dieser Rolle der Zugfestigkeit des Betons kommen auch alle diejenigen
Umstände in Betracht, welche geeignet sind, die Zugleistung des Betons möglichst
lange zu erhalten und zu unterstützen.[2]) Hierzu gehört der Einfluß der Verteilung
der einzelnen Armierungseisen im Zuggurt, das Verhältnis der Armatur zum Betonzuggurt,
der Abstand der Eisen von der unteren Seite und der Seitenfläche der Balken, die Abweichung der Oberfläche von der prismatischen Form (amerikanische Sonderprofile), was
namentlich dadurch zum Ausdruck kommt, daß die Risse feiner und ihre Zahl viel größer
ist, weil der Beton durch solche Verhältnisse gezwungen wird, seine Anteilnahme am Zug
viel länger und gleichmäßiger zu betätigen.

Bemerkungen über die Berechnung der Haftfestigkeit.

Der Gesamteindruck vorliegender Ermittlungen geht vor allem dahin, daß die Querschnitte in der Nähe des Auflagers die letzten sind, welche für die Inanspruchnahme des Verbundes zwischen Eisen und Beton in Betracht kommen. Selbst-
verständlich kann dies zunächst nur innerhalb des Rahmens der betrachteten Belastungs-
anordnungen gesagt werden, aber auch bei gleichmäßig belasteten Probekörpern[3]) dürften
aus naheliegenden und nachher erörterten Gründen die entsprechenden Verhältnisse nicht
viel anders liegen.

------

[1]) Kleinlogel, Untersuchungen über die Dehnungsfähigkeit nichtarmierten und armierten
Betons bei Biegungsbeanspruchung. Forscherarbeiten auf dem Gebiete des Eisenbetons Heft I.

[2]) Siehe Bach, Zur Frage der Dehnungsfähigkeit des Betons mit und ohne Eiseneinlagen.
Mitteilungen über Forschungsarbeiten Heft 45 bis 47, Anhang 6 oder Zeitschrift des Vereins
deutscher Ingenieure 1907, S. 1027.

[3]) Mit freier Auflagerung.

Die τ_1-Linien sämtlicher untersuchter Balken weisen vielmehr darauf hin, daß zunächst in denjenigen Querschnitten die maximalen Haftspannungen zu erwarten sind, welche den gefährlichen Rißstellen am nächsten liegen, oder mit anderen Worten:

Der Verbund zwischen Eisen und Beton ist zuerst dort gefährdet, wo die Änderung in der Beanspruchung des Eisens am ·größten ist. Da eine solche maximale Änderung meistens dort vorhanden ist, wo infolge Versagens des gezogenen Betons die auftretende Zugkraft größtenteils in das Eisen übergegangen ist, während in den der Rißstelle benachbarten Querschnitten der noch intakte Beton mitwirkend tätig ist, so konzentriert sich die Aufmerksamkeit von den Auflagern weg nach solchen Querschnitten hin, in denen die Maximalbeanspruchungen des Eisens zu erwarten sind. Erfahrungsgemäß sind bei Strecken gleicher statischer Inanspruchnahme — wie hier die Balkenstrecke zwischen den beiden Lastangriffen — diejenigen Querschnitte die gefährdetsten, welche unter und in nächster Nähe konzentrierter Lastangriffe liegen. So sind auch bei fast allen Balken der S. 25, unten, erwähnten Versuche die sogenannten Bruchrisse unter der einen oder anderen der beiden konzentrierten Lasten aufgetreten.

Erst nachdem dort, also in verhältnismäßig großer Entfernung vom Auflager, die Haftfestigkeit überwunden worden ist, geht die weitere Auflösung des Verbundes gegen das Auflager hin mehr oder weniger rasch vor sich, indem zuletzt dann dort die meistens vorhandenen Haken und dergl. Befestigungsmittel in Anspruch genommen werden.[1]

Daß, in Übereinstimmung mit Probst[2] und Preuß,[3] die Berechnung von Haftspannungen nach der üblichen Methode durchaus unzutreffend ist — dieser Ausdruck ist keineswegs zu stark —, wird mit am besten durch die Versuche von Funke[4] bewiesen, wo z. B. bei einem Versuche ein rechnungsmäßiges $\tau_1 = 149$ kg/cm² vorhanden war, ohne das hierdurch etwa eine ungünstige Beeinflussung des Resultates hätte festgestellt werden können. Auch Bach[5] hat bei den unten erwähnten Versuchen die Beobachtung gemacht, daß es unrichtig ist, nur die nicht abgebogenen, unten gerade ans Auflager hinausgehenden, Eisen zur Berechnung der Haftspannungen heranzuziehen, da sich sonst Werte ergeben, bei welchen längst ein Auflösen des Verbundes hätte erfolgen müssen.

Im Gegenteil! Wo ein Eisen im Zuggurt mit an der Aufnahme der Zugkräfte teilnimmt und somit eine gewisse Zugkraft in sich aufgenommen hat, wird es diese Zugkraft nach dem Auflager hin zu übertragen haben. Ist das Eisen abgebogen und im Druckgurt verankert, so setzt das aus dem Zuggurt kommende Eisen seine Zugkraft mittels der Haftspannungen ebenso an den Beton ab, wie das geradeaus gehende Eisen. Auf letzteres kann nur diejenige Zugkraft in Betracht kommen, welche ihm in Wirklichkeit oder auch rechnungsmäßig zukommt, womit vor allem gesagt sein soll, daß irgend welche Berechnung einer Haftspannung in Zusammenhang stehen muß mit der in dem betreffenden Eisen vorhandenen Zugkraft[6] bezw. Zugbeanspruchung. Es ist schon oben darauf hingewiesen worden, daß die Auflagergegend bei frei aufliegenden Trägern auch

---

[1] Siehe hierüber Bach, Heft 45 bis 47, S. 37, 43, 44, 149. Probst, Das Zusammenwirken von Beton und Eisen S. 54.

[2] Probst, Das Zusammenwirken von Beton und Eisen S. 54.

[3] Preuß, „Arm. Beton" 1910, Heft 9, S. 343.

[4] Funke, Versuche an Plattenbalken, „Arm. Beton" 1909, Heft 12.

[5] Bach, Mitteilungen Heft 45 bis 47, S. 147.

[6] Probst und Bach sind die ersten, welche in diesem Sinne die vom Rißquerschnitt bis zum Auflager vorhandene einbetonierte Länge in die Rechnung einsetzen; siehe Probst, Das Zusammenwirken von Beton und Eisen 1906, S. 16 ff. Mitteilungen Gr.-Lichterfelde West, I. Ergänzungsheft 1907, S. 117. Bach, Mitteilungen usw. Heft 39 und 45 bis 47, 1907.

zugleich diejenige ist, wo die Ze am kleinsten sind und auch nennenswerte Änderungen von Ze (Δ Ze) nicht vorhanden sind.[1])

Da es nun aber nur auf Grund von Versuchen mit Feinmessungen möglich wäre, für jeden Belastungsfall den Ort der größten Δ Ze zu bestimmen und namentlich den Übergang des Zugs in das Eisen zu verfolgen, so müßte für die Bedürfnisse der Praxis eben wieder zurückgegriffen werden auf die bestimmbaren Biegungsmomente und auf die Voraussetzung des völlig gerissenen Betonzuggurtes, so daß ein konstanter Abstand zwischen Zug- und Druckmittelpunkt vorhanden ist. Durch Reduktion mit diesem Abstand stellt dann die Momentenlinie auch zugleich die Linie der rechnungsmäßigen Ze dar, wodurch auch die rechnungsmäßigen Änderungen dieser bekannt sind.

Bei 2 konzentrierten parallelen Lasten in gleichem Abstand von der Mitte ist dann bekanntlich diese Änderung konstant vom Auflager bis zum Lastangriff, von diesem bis zum nächsten = 0. Es müßte also, falls abgebogene Eisen vorhanden sind, jeweils von den Aufbiegestellen an kontrolliert werden, ob die alsdann noch unten liegenden Eisen für die bis zum Auflager noch zu übernehmenden Δ Ze ausreichen. Es ist dies eine ähnliche Kontrolle, wie sie im sogenannten Materialnachweis[2]) für das Vorhandensein des nötigen Eisenquerschnitts im Zuggurt geübt wird. Will man dann aus der noch in Betracht kommenden Eisenlänge die Haftspannung bestimmen, so sollte man für die Nähe des Auflagers bei frei aufliegenden Trägern, mit Rücksicht auf die tatsächlich noch überall vorhandene Mitwirkung des Betons und die dadurch bedingten niederen Δ Ze

mindestens 12 bis 15 kg/cm² zulassen,

wogegen in der Nähe der doch immerhin mit ziemlicher Sicherheit voraus zu bestimmenden gefährlichen Querschnitte mit etwa 5 kg/cm² gerechnet werden sollte.

Wie dies gemeint ist, sei an einem kleinen Beispiel erläutert (Fig. 5).

Ein für ein maximales Biegungsmoment von 30,16 mt konstruierter, frei aufliegender Plattenbalken (siehe Fig. 5) sei mit 7 Rundeisen Φ 34 mm armiert. Gemäß den Vorschriften und Angaben der ministeriellen Bestimmungen sind für die auftretenden schiefen Zugspannungen eine Anzahl (4) Eisen in verschiedenen Entfernungen vom Auflager so abgebogen, daß jedes derselben mit 900 kg/cm² schiefer Zugspannung beansprucht ist und außerdem noch der Beton 1,4 kg/cm² Schubspannung zu übernehmen hat.

Die Austeilung der Eisen ist in der Zeichnung angegeben. Gegen das Auflager hinaus gehen noch 3 Rundeisen Φ 34 mm, für welche nach der üblichen Rechnung die Haftspannung 9,2 kg/cm² betragen würde.

Nach den vorangehenden Erörterungen ist die Momentenlinie identisch mit der Linie der rechnungsmäßigen Ze. Für die Momente ist der Maßstab 1 mm = 0,5 mt gewählt worden; das Maximalmoment mit 30,16 mt ist somit durch 60,3 mm dargestellt. Der Hebelarm zwischen Zug und Druck ist 49,9 cm, somit

$$\text{rechnungsmäßiges Ze (max)} = \frac{3\,016\,000}{49,9} = 60\,450 \text{ kg} = 60,3 \text{ mm,}$$

somit Maßstab für Ze: 1 mm = rund 1000 kg.

Die für die einzelnen Eisenabbiegungsstellen in Betracht kommenden Δ Ze sind in der Figur eingetragen (10 000, 12 800, 11 800 . . . .), ebenso die in Betracht kommenden Längen der Eisen. Unter Zugrundelegung der Anzahl der in den einzelnen Abschnitten vorhandenen Rundeisen ergeben sich dann folgende Haftspannungen:

---

[1]) Dies bezieht sich natürlich nur auf die tatsächlichen Ze, während z. B. bei parabolischem Moment und rechnungsmäßig konstantem (h — a — x/3) die Änderung der rechnungsmäßigen Ze in der Nähe der Auflager am größten ist.

[2]) Siehe Kleinlogel, Eisenbeton und umschnürter Beton 1910, S. 78, 83, 85, 92, 97, 103, 162.

ΔZe kg	Anzahl der Rundeisen	l	u . l	$\tau_\mathrm{m} = \dfrac{\Delta Ze}{u . l}$
10 000	7 Φ 34	175	13 100[1])	0,77
12 800	6 „ 34	85	5 450	2,35
11 800	5 „ 34	60	3 204	3,68
10 000	4 „ 34	45	1 920	5,3
15 900	3 „ 34	60	1 922	8,3

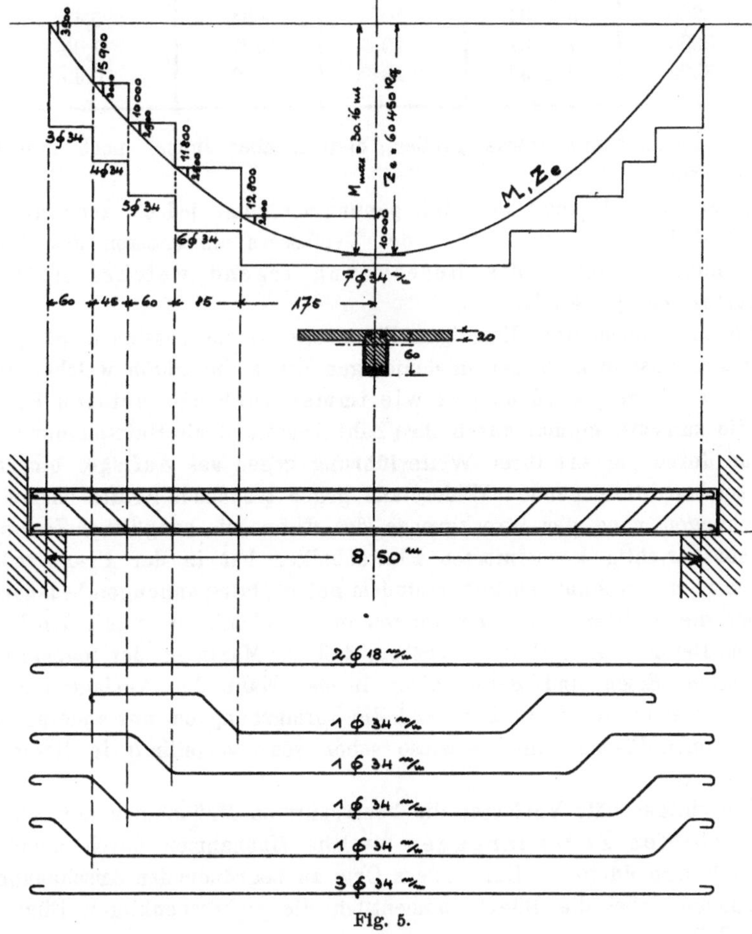

Fig. 5.

In dem mittleren Teile des Balkens, wo bekanntlich, wenn sonst für die schiefen Zugspannungen genügend gesorgt ist, am ehesten die hauptsächlicheren Rißerscheinungen auftreten, sind also die τ m am kleinsten, und selbst am Auflager, wo nur noch 3 Eisen vorhanden sind, bleibt die Spannung unter den für mindestens zulässig erachteten 12 bis 15 kg/cm².

Diese Art der Berechnung ist jedoch noch nicht befriedigend, indem die Ergebnisse der τ_1-Linien dargetan haben, daß es unzulässig ist, die Haftspannungen auf größere

---

[1]) Z. B.: Umfang von 7 Φ 34 = 7 . 10,68 = 74,76 cm, 74,76 . 175 = ∼ 13100.

Längen als gleichmäßig verteilt anzunehmen. Es seien deshalb immer nur je 10 cm in Betracht gezogen, und zwar dicht vor der nächsten Abbiegestelle, wo die Verhältnisse am ungünstigsten liegen (siehe Fig. 5). Innerhalb der einzelnen Strecken sind dann immer dort die $\varDelta\,Ze$ am größten, und man erhält:

$\varDelta\,Ze$ kg	Anzahl der Rundeisen	l cm	u . l	$T_m = \dfrac{\varDelta\,Ze}{u\,.\,l}$
2000	7 $\varPhi$ 34	10	748	2,7
2500	6 „ 34	10	641	3,9
2900	5 „ 34	10	534	5,42
3000	4 „ 34	10	427	7,05
3500	3 „ 34	10	320	10,95

Die $\tau\,m$ werden somit etwas größer, bleiben aber immer noch innerhalb der angenommenen Grenzen. —

Diese ganze „Berechnung" der Haftspannungen zeigt jedoch auch hier wieder aufs deutlichste, daß diejenigen nach Ansicht des Verfassers am ehesten das Richtige treffen, welche die Meinung vertreten, die Berechnung irgend welcher Haftspannungen überhaupt fallen zu lassen.[2])

Dort, wo im allgemeinen diejenigen Betonzugrisse zu entstehen pflegen, welche zu Bruchursachen sich ausbilden, ferner in denjenigen Zonen, innerhalb welcher die maximalen Änderungen von Ze liegen, sind so gut wie immer auch die meisten Eiseneinlagen vorhanden, die zunächst einmal durch ihre Zahl (Umfänge) die Haftspannung nieder halten und die sodann durch die Art ihrer Weiterführung gegen das Auflager hin (Abbiegungen, Haken) einen solchen hinreichenden Widerstand gegen trennende Kräfte leisten können, daß erst Beanspruchungen nahe der Streckgrenze des Eisens die endgültige Zerstörung herbeiführen. Ein sonst richtig konstruierter Plattenbalken hat in der Praxis noch nie Veranlassung gegeben, die rechnungsmäßig trotzdem hohen Haftspannungen bedauern zu müssen. Jedenfalls haben die vorliegenden Ermittlungen in Übereinstimmung mit den Resultaten von Preuß in „Arm. Beton" 1910, Heft 9, ergeben, daß das Maximum der Inanspruchnahme des Verbundes zwischen Eisen und Beton nicht in der Nähe des Auflagers zu suchen ist, sondern in Zonen, welche durch die Zahl und die Formgebung der aus anderen konstruktiven Gründen vorhandenen Eiseneinlagen sowieso schon sehr vorteilhaft in dieser Hinsicht bewehrt sind.

Für viel wichtiger hält Verfasser die konstruktiven Maßnahmen zur Aufnahme der Schub- oder schiefen Zugspannungen, welche Maßnahmen durch abgebogene Eisen allein nicht erfüllt sein dürften. Den andern Orts zu begründenden Anschauungen des Verfassers nach spielen dabei die Bügel, namentlich die mehrschenkligen Bügel, eine nicht untergeordnete Rolle.

Schlußfolgerungen zum 2. Abschnitt.

Für dasjenige Gebiet, welches durch die vorstehend untersuchten Balken gedeckt erscheint, können aus den einzelnen Ergebnissen folgende vorläufige Schlußfolgerungen gezogen werden:

1. Das Maximum der Beanspruchung des Verbundes zwischen Eisen und Beton entsteht dort, wo ein Maximum in der Änderung der Zug- oder Druckkraft im Eisen vorhanden ist.

---

[2]) Probst, Preuß, Schweizerische Eisenbetonbestimmungen, Funcke.

Die Änderung in der Eisenkraft ist mit dem Übergang der Änderung aus dem Eisen in den Beton so lange verbunden, als dies die Haftfestigkeit gestattet.

2. Nach Erreichung des durch die Haftfestigkeit begrenzten größtmöglichen $\varDelta Ze$ beginnt die Auflösung des Verbundes, indem das Maximum der Beanspruchung vermutlich rasch hintereinander sämtliche Längeneinheiten passiert. Die dadurch bedingte **Plötzlichkeit der Auflösung des Verbundes** wird äußerlich nur dadurch gemildert, daß sofort der **Gleitwiderstand einsetzt und seine Wirkung als hemmender Faktor äußert.**

Der **Ort des Maximums von** τ_1 **erscheint an den Ort des Maximums der Querkraft nicht gebunden,** sondern die größere Rolle spielen nach 1. die Änderungen der Neigungen der Linie der tatsächlichen Eisenzug- oder Druckkräfte.

4. **Die Art der Verteilung der Haftspannungen** über eine gewisse Stablänge entspricht weniger derjenigen, welche die Rechnung nach den amtlichen Bestimmungen voraussetzt. Sie entspricht vielmehr denjenigen Erwartungen, die man auf Grund einfacher Überlegung aussprechen kann: **Die Beanspruchung des Verbundes ist in der Nähe der Krafteintrittsstelle am größten und wird für die übrigen Flächenteile um so kleiner, je weiter diese vom Krafteintritt entfernt liegen.**

Die Krafteintrittsstelle im Sinne dieser Abhandlung ist[1]) identisch mit einem solchen Querschnitt, in welchem ein für den Bestand des Bauwerks der Natur der Sache nach bedenklicher Riß entsteht.

5. Wie Verfasser nachweislich[2]) schon vor dem Erscheinen der Preußschen Arbeit[3]) vermutet hat, dürfte die Messung der Eisenbewegung nur an den Stirnenden der Probebalken nicht ganz hinreichend sein, um die erste Verschiebung zu erkennen. Es wird jedoch im Hinblick auf den betonten Charakter der Plötzlichkeit der Auflösung des Verbundes die Wahrscheinlichkeit nicht von der Hand zu weisen sein, daß die im Innern zuerst beginnende Loslösungsbewegung vermutlich verhältnismäßig rasch auch am Stirnende angekommen sein wird, so daß ein nennenswerter Unterschied in dem Maße, wie dies Preuß hervorhebt, vielleicht nicht zu erwarten sein dürfte.

Da jedoch keineswegs — namentlich auch im Hinblick auf die mit Preuß in wesentlichen übereinstimmenden Ergebnisse der **französischen Regierungskommission**[4]) — in Abrede gestellt werden soll, daß die ersten Verschiebungen des Eisens im Beton bereits früher eintreten, als bisher angenommen worden ist, so müssen (mit Bezugnahme auf S. 46 u. 47) die gezeichneten τ_1-Linien unter Umständen hinsichtlich ihrer Maximalzonen dahin verstanden werden, daß in diesen **Zonen Teile des sich dort schon äußernden Gleitwiderstandes mit enthalten sind.**[5]) Es ergibt sich dann ein ähnliches Bild wie bei den bekannten Belastungstadieen eines Balkens, daß gegen das Auflager hin noch reine Haftspannungen[6]) wirksam sind, während gegen die Mitte zu bereits der Gleitwiderstand wirksam und die Haftspannung schon aufgelöst ist.[7]

---

1) Bei auf Biegung beanspruchten Konstruktionsteilen.
2) Siehe die Bemerkung der Schriftleitung des „Arm. Beton" 1910, Heft 10, S. 395, unten.
3) „Arm. Beton" 1910, Heft 9, S. 339.
4) Diese Ergebnisse sind dem Verfasser erst vor kurzem durch eine Arbeit von Graf in „Beton und Eisen" 1910, Heft 12, bekannt geworden.
5) Diese Auffassung dürfte eine große Wahrscheinlichkeit für sich haben.
6) = Stadium I.
7) = Stadium II.

Verzeichnis

der für die beiliegende Dissertation verwerteten Werke und Abhandlungen

in alphabetischer Reihenfolge.

Autor	Titel	Jahr
Bach, Prof., Königl. Baudirektor. Dr.-Ing.	Mitteilungen über Forschungsarbeiten auf dem Gebiete des Ingenieurwesens, insbesondere aus den Laboratorien der techn. Hochschulen, herausgegeben vom Verein deutscher Ingenieure:	
	Heft 22. Versuche über den Gleitwiderstand einbetonierten Eisens. Berlin N, A. W. Schade, Schulzendorferstraße 26.	1905
Desgl.	Heft 39. Versuche mit Eisenbetonbalken. I. Teil. Versuche mit einbetonierten Thacher-Eisen. Kommissionsverlag von Jul. Springer.	1907
Desgl.	Heft 45 bis 47. Versuche mit Eisenbetonbalken. II. Teil. Kommissionsverlag von Jul. Springer.	1907
Desgl.	Heft 72 bis 74. Bericht über die von dem deutschen Ausschuß für Eisenbeton der Materialprüfungsanstalt an der Königl. Techn. Hochschule Stuttgart übertragenen und im Jahre 1908 durchgeführten Versuche mit Eisenbetonbalken, namentlich zur Bestimmung des Gleitwiderstandes. Kommissionsverlag von Jul. Springer.	1909
Desgl.	Mitteilungen über die Herstellung von Betonkörpern mit verschiedenem Wasserzusatz, sowie über die Druckfestigkeit und Druckelastizität derselben.	
	I. Teil.	1903
	II. Teil.	1906
	III. Teil.	1909
Desgl.	Zur Frage der Dehnungsfähigkeit des Betons mit und ohne Eiseneinlagen. Forscherarbeiten Heft 45 bis 47, Anhang 6, oder Zeitschrift des Vereins deutscher Ingenieure 1907, S. 1027 ff.	1907
Bach u. Graf.	Längenänderung des Betons bei Wasserlagerung und bei Luftlagerung.	
	Zugfestigkeit von Körpern mit verschiedener Querschnittsgröße bei feuchter und bei trockener Lagerung. Forscherarbeiten usw. Heft 72 bis 74, Anhang.	1909
Desgl.	Einige Nebenuntersuchungen auf dem Gebiete des Betons und Eisenbetons:	

Autor	Titel	Jahr
Bach u. Graf.	A. Abhängigkeit des Gleitwiderstandes des in Zementmörtel eingebetteten Eisens von der Lagerung (ob feucht oder trocken) bei verschiedenem Sandzusatz.	
	B. Unterschied der Haftfestigkeit von Zementmörtel an glatten und an rostigen Blechen.	
	F. Einfluß der Lagerung auf die Druckelastizität von Beton. „Arm. Beton" 1910, Heft 7.	
Breuillie.	Versuche über die Haftung von Eisenblech an Mörtel. „Zement und Beton" 1905, S. 297; Annales des Ponts et Chanssées 1902 (dem Verfasser nicht zugänglich gewesen); „Tonindustriezeitung" 1904, S. 1293.	1902
Emperger, K. K. Oberbaurat, Dr.-Ing.	Die Rolle der Haftfestigkeit im Verbundbalken. Forscherarbeiten auf dem Gebiete des Eisenbetons Heft 3. Wilhelm Ernst u. Sohn, Berlin.	1905
Desgl.	Die Abhängigkeit der Bruchlast vom Verbunde. Forscherarbeiten auf dem Gebiete des Eisenbetons Heft 5.	1906
Engesser, Prof., Dr.-Ing.	Über die Haftspannungen von Eisenbetonbalken. „Arm. Beton" 1910, Heft 2.	1910
Foerster, Max, Prof.	Das Material und die statische Berechnung der Eisenbetonbauten. Wilh. Engelmann, Leipzig.	1907
Desgl.	Die neuesten Versuche des deutschen Ausschusses für Eisenbeton. „Arm. Beton" 1909, Heft 10.	1909
Funke, Ingenieur.	Versuche an Plattenbalken, ausgeführt vom Zementbaugeschäft Rud. Wolle, Leipzig. „Arm. Beton" 1909, Heft 12.	1909
Graf, Otto, Dipl.-Ingenieur.	Die Ergebnisse neuerer Versuche mit Eisenbetonbalken, im Vergleich mit den amtlichen preußischen Bestimmungen für die Ausführung von Konstruktionen aus Eisenbeton bei Hochbauten. „Beton und Eisen" 1908, Hefte 8, 9, 10.	1908
Desgl.	Einiges zur Rissebildung des Eisenbetons. „Beton und Eisen" 1910, Hefte 7, 10, 11, 12.	1910
Grübler.	Schubfestigkeitsversuche mit Zementmörtel. Zeitschrift des Vereins deutscher Ingenieure 1909, 20. März, S. 449.	1909
—	Handbuch für Eisenbetonbau I. Band. Speziell: Wienecke, Versuche mit Balken aus Eisenbeton.	1908
Harding, Ingenieur.	Versuche mit Eisenbetonbalken. Bericht von Prof. Thullie in „Beton und Eisen" 1908, Heft 10.	1908
Kleinlogel, Dipl.-Ing.	Untersuchungen über die Dehnungsfähigkeit nichtarmierten und armierten Betons bei Biegungsbeanspruchung. Forscherarbeiten aus dem Gebiete des Eisenbetons Heft 1. Wilhelm Ernst & Sohn, Berlin.	1904
Desgl.	Zur Frage der Haftfestigkeit des Eisens im Beton. „Deutsche Bauzeitung" 1904. Mitteilungen über Zement-, Beton- und Eisenbetonbau Nr. 12, 13.	1904
Desgl.	Eisenbeton und umschnürter Beton. Verlag Carl Scholtze, Leipzig.	1910

Autor	Titel	Jahr
Luft, Dipl.-Ing.	Mitteilungen von Ergebnissen neuerer Eisenbetonversuche. Vortrag XI. Hauptversammlung des Deutschen Betonvereins.	1908
Möller, Prof.	Untersuchungen an Plattenträgern aus Eisenbeton. Leonhard Simion Nachf., Berlin.	1907
E. Mörsch, Prof. Reg.-Baumeister.	Der Eisenbetonbau. Seine Theorie und Anwendung. 3. Auflage.	1908
Müller, Dr.-Ing.	Neue Versuche an Eisenbetonbalken über die Lage und das Wandern der Nulllinie und die Verbiegung der Querschnitte. Versuche über reine Haftfestigkeit. Wilh. Ernst & Sohn, Berlin.	1907
Ornum, van, Prof.	Versuche über die Haftfestigkeit von einbetoniertem Rundeisen. Bericht von Dr.-Ing. R. Schönhöfer, Wien. „Beton und Eisen" 1908, Heft 4.	1908
Preuß, Dr.-Ing.	Zur Frage der Haftfähigkeit zwischen Beton und Eisen. „Arm. Beton" 1909, Heft 9.	1909
Desgl.	Versuche über die Haftung zwischen Eisen und Beton. „Arm. Beton" 1910, Heft 9.	1910
Probst, Dr.-Ing.	Das Zusammenwirken von Beton und Eisen. Forscherarbeiten aus dem Gebiete des Eisenbetons. Heft 6.	1906
Desgl.	Einfluß der Armatur und der Risse im Beton auf die Tragsicherheit. Mitteilungen aus dem Königl. Materialprüfungsamt zu Gr.-Lichterfelde West. Ergänzungsheft I, 1907. Jul. Springer, Berlin.	1907
Desgl.	Prof. von Bachs Untersuchungen mit armiertem Beton. Sonderabdruck Dinglers Polytechnisches Journal 1907, Heft 22 und 23.	1907
Desgl.	Die Handhabung der preußischen ministeriellen Bestimmungen durch die Baupolizei unter Berücksichtigung der neueren Versuche. „Arm. Beton" 1909, Heft 4.	1909
Desgl.	Neue Versuche mit Eisenbetonsäulen und -balken. „Arm. Beton" 1909, Hefte 1, 2, 3.	1909
Desgl.	Neue Versuche amerikanischer Forscher. „Arm. Beton" 1909, Hefte 9, 10, 12.	1909
Desgl.	Neue Versuchsmethoden. Neue Versuchsergebnisse. „Arm. Beton" 1909, Hefte 4, 5.	1909
Desgl.	Eine Kritik der bestehenden Vorschriften über Eisenbetontragwerke. „Arm. Beton" 1910, Heft 2.	1910
Sonntag, Reg.-Baumeister.	Biegung, Schub und Scherung. Wilh. Ernst & Sohn, Berlin.	1909

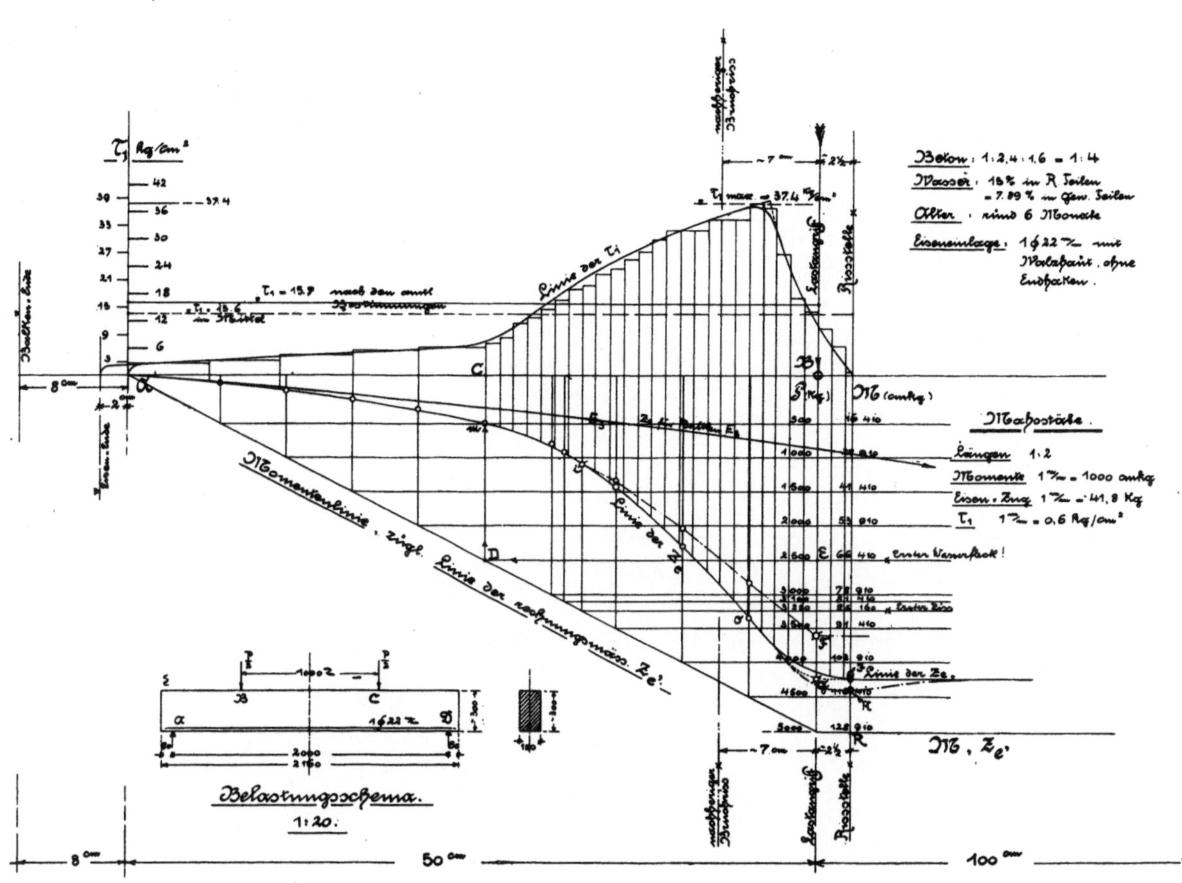

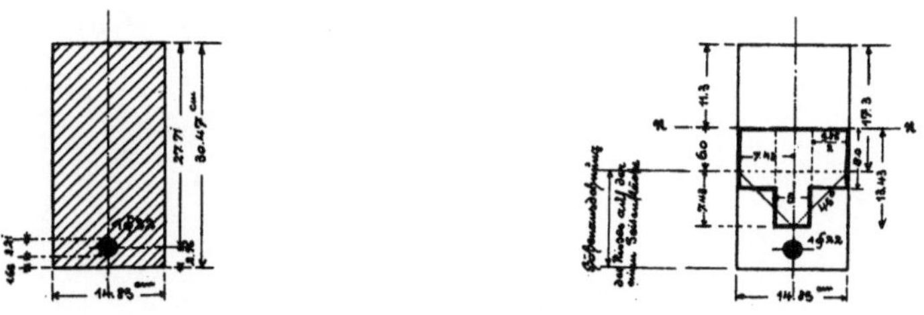

Zu Balken Nr. 13 aus Bach, Mitteilungen über Forschungsarbeiten, Heft 39.

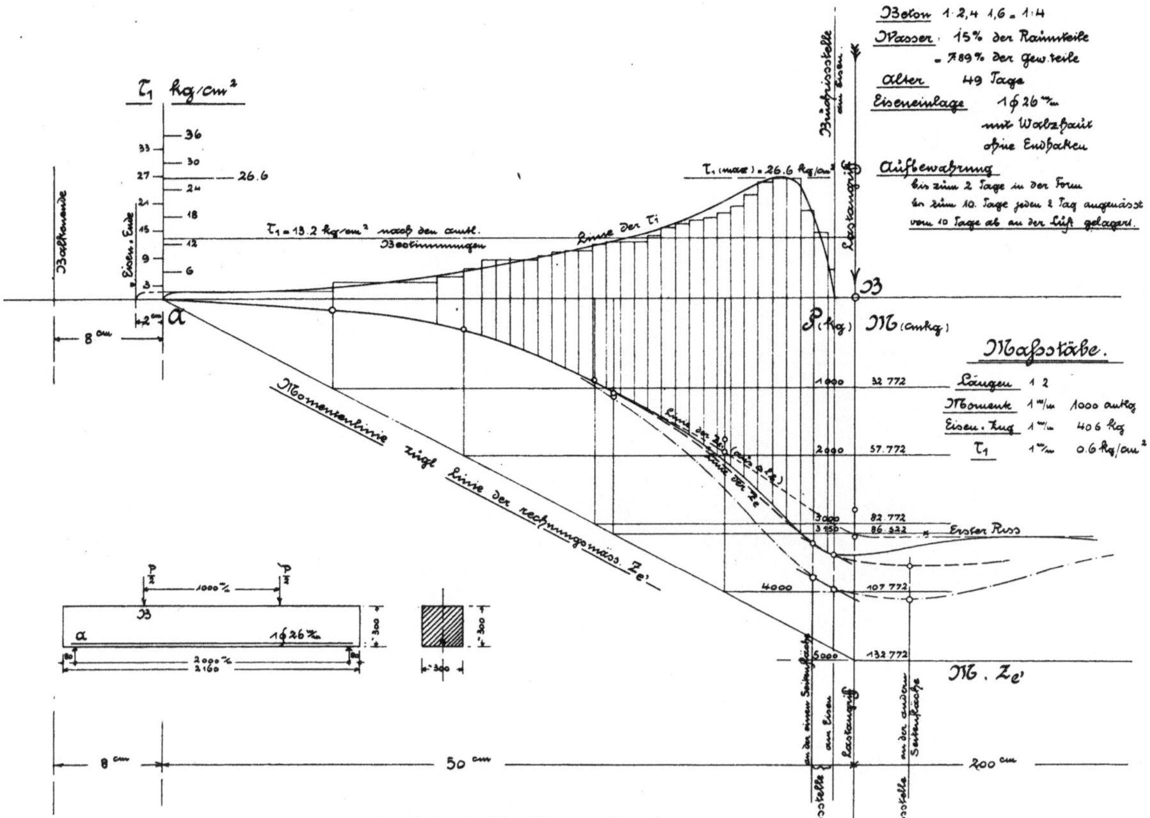

Fig. 1. Zu Balken Nr. 91 aus Bach,
Mitteilungen über Forschungsarbeiten, Heft 45 bis 47.

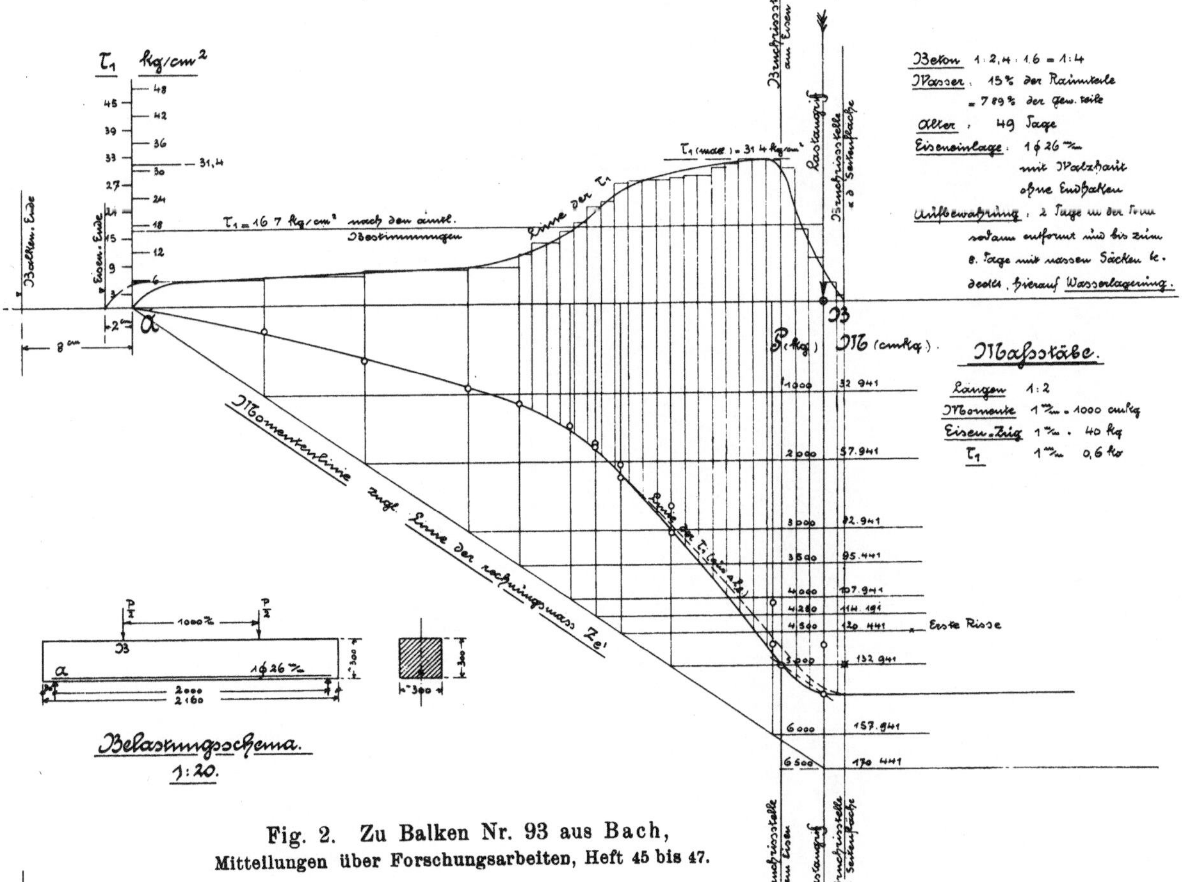

Fig. 2. Zu Balken Nr. 93 aus Bach,
Mitteilungen über Forschungsarbeiten, Heft 45 bis 47.

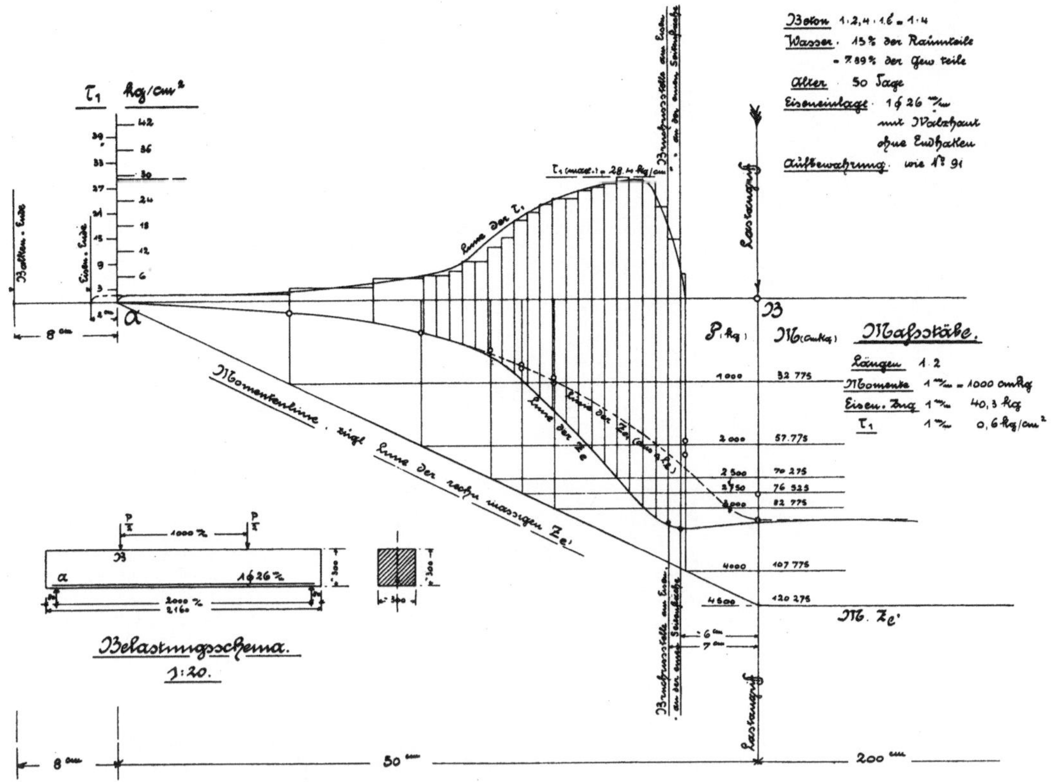

Fig. 1. Zu Balken Nr. 92 aus Bach, Mitteilungen über Forschungsarbeiten, Heft 45 bis 47.

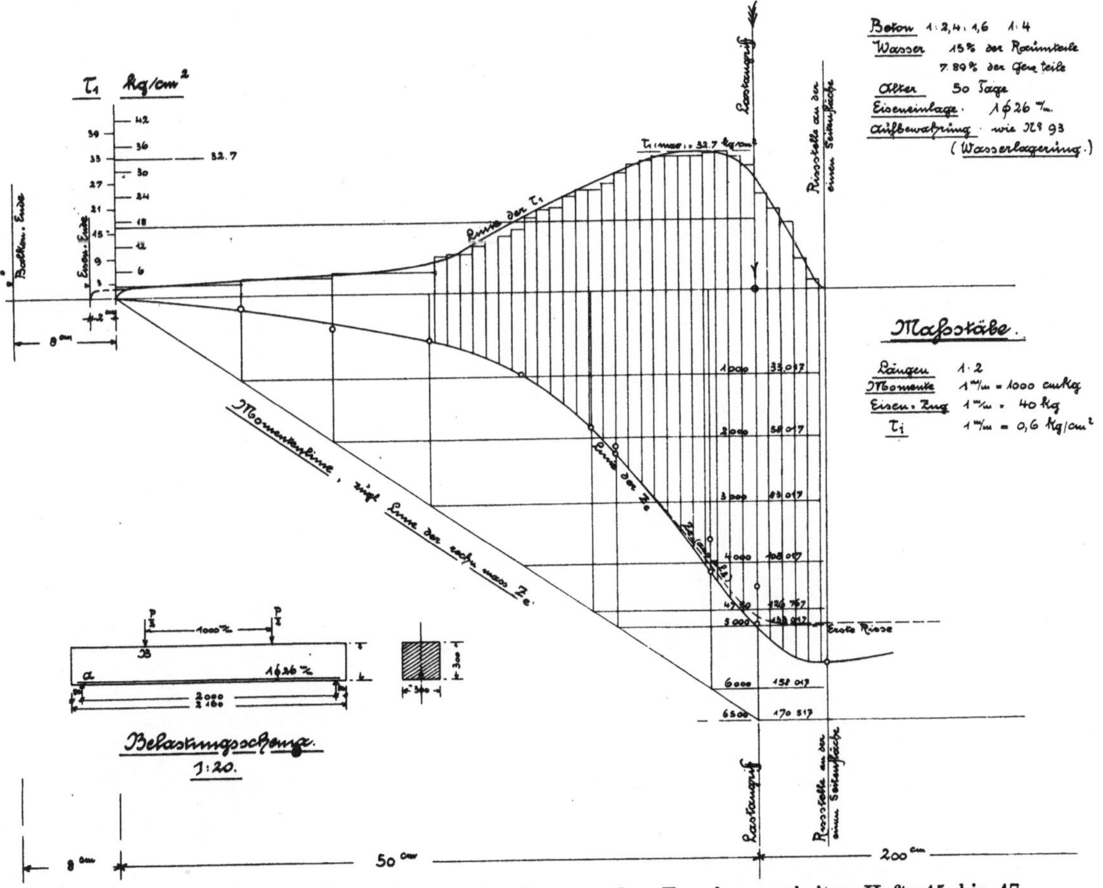

Fig. 2. Zu Balken Nr. 94 aus Bach, Mitteilungen über Forschungsarbeiten Heft, 45 bis 47.

Verlag von Julius Springer in Berlin.

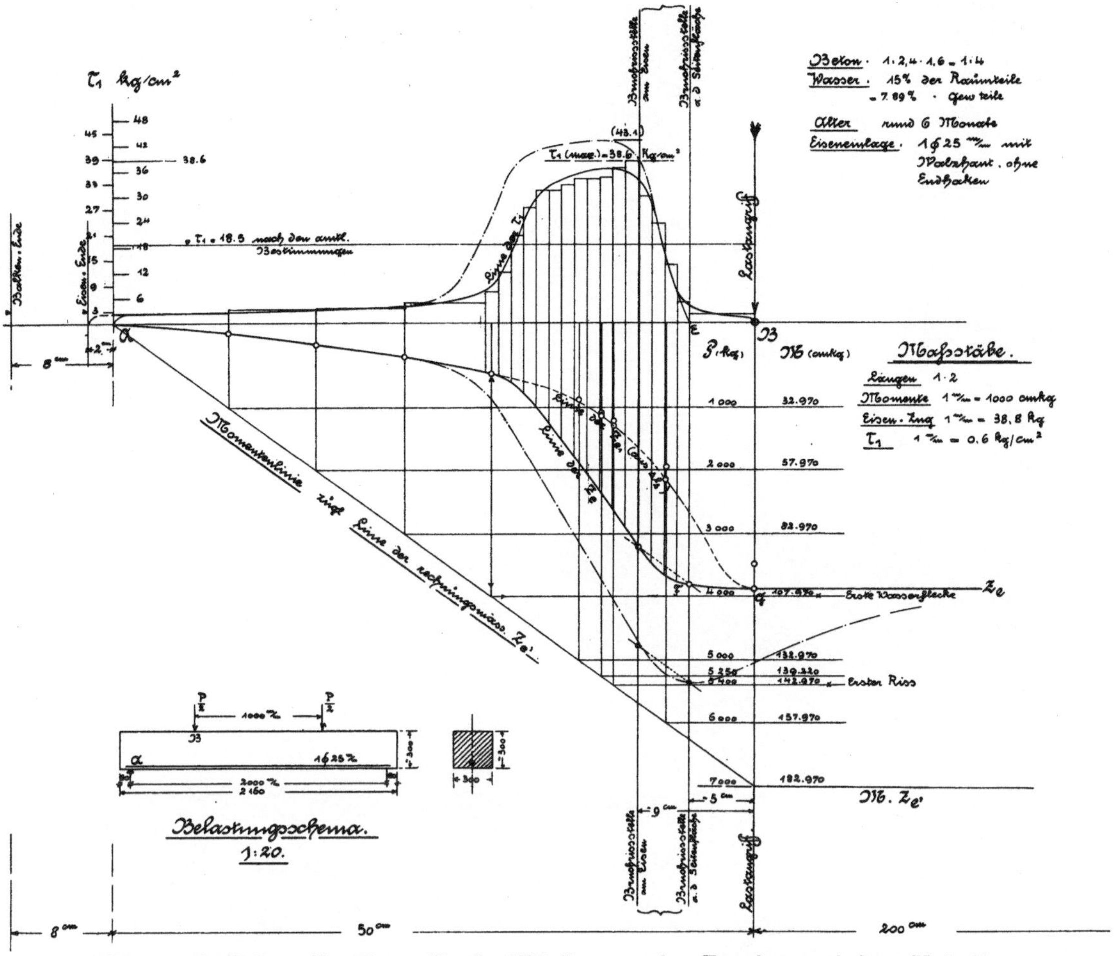

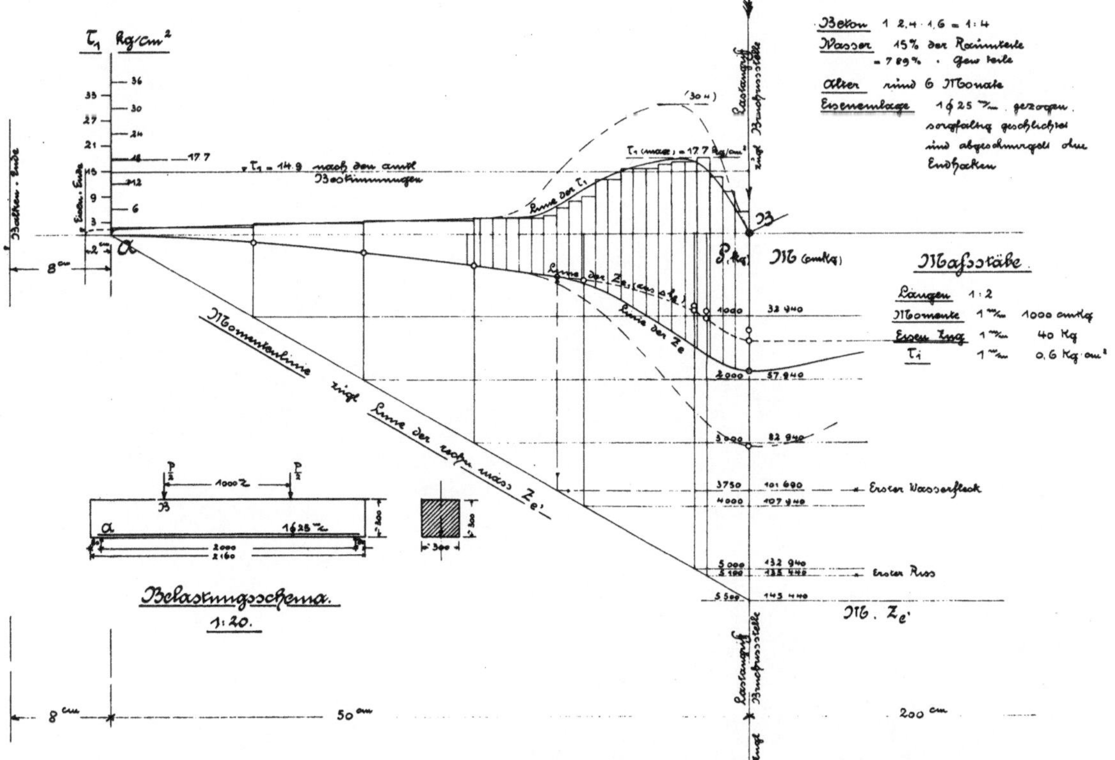

Fig. 1. Zu Balken Nr. 17 aus Bach, Mitteilungen über Forschungsarbeiten, Heft 39.

Fig. 2. Zu Balken Nr. 11 aus Bach, Mitteilungen über Forschungsarbeiten, Heft 39.

Verlag von Julius Springer in Berlin.

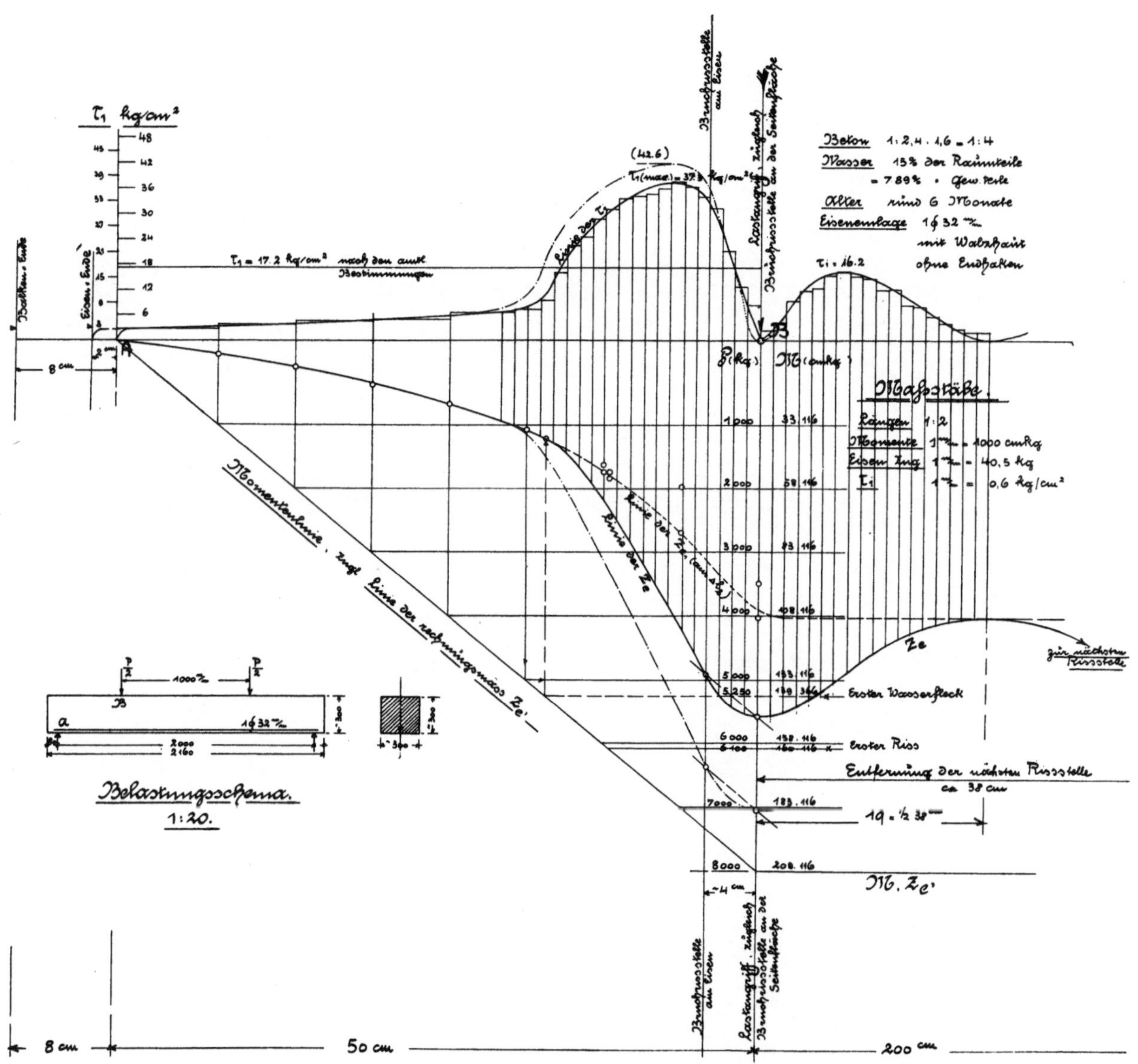

Zu Balken Nr. 24 aus Bach, Mitteilungen über Forschungsarbeiten, Heft 39.

Verlag von Julius Springer in Berlin.

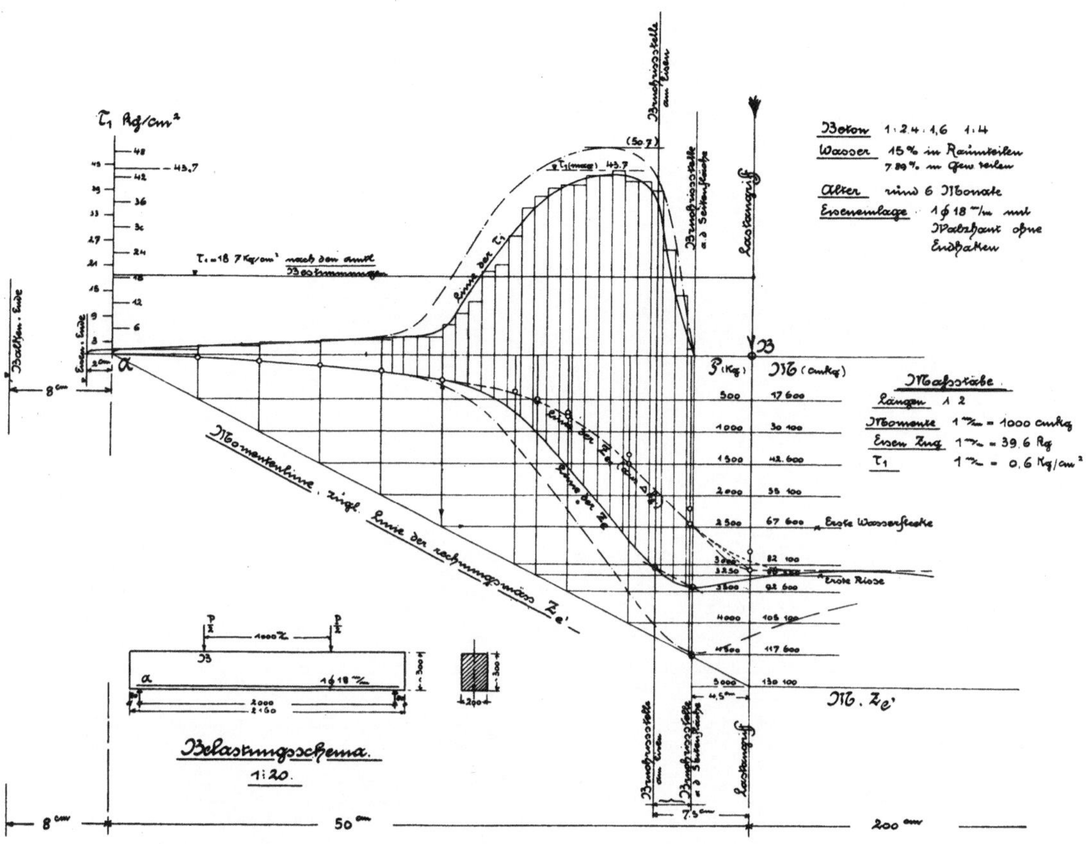

Zu Balken Nr. 3 aus Bach, Mitteilungen über Forschungsarbeiten, Heft 39.

Verlag von Julius Springer in Berlin.